AKADEMIE DER WISSENSCHAFTEN DER DDR
ZENTRALINSTITUT
FÜR ALTE GESCHICHTE UND ARCHÄOLOGIE

BIBLIOTHECA
SCRIPTORVM GRAECORVM ET ROMANORVM
TEVBNERIANA

LEIPZIG

BSB B. G. TEUBNER VERLAGSGESELLSCHAFT
1981

M. TVLLI CICERONIS

SCRIPTA QVAE MANSERVNT OMNIA

FASC. 25

ORATIONES
PRO CN. PLANCIO
PRO C. RABIRIO POSTVMO

RECOGNOVIT

ELŻBIETA OLECHOWSKA

LEIPZIG

BSB B. G. TEUBNER VERLAGSGESELLSCHAFT

1981

BIBLIOTHECAE TEVBNERIANAE
HVIVS TEMPORIS
REDACTOR: GÜNTHER CHRISTIAN HANSEN

1. Auflage

VLN 294/375/5/81 • LSV 0886

Lektor: Dr. phil. Elisabeth Schuhmann

Printed in the German Democratic Republic

Gesamtherstellung: INTERDRUCK Graphischer Großbetrieb Leipzig — III/18/97

Bestell-Nr. 666 022 3

DDR 26,— M

Casimiri Kumaniecki magistri mei memoriae

PRAEFATIO

De ratione qua contextus Plancianae nobis traditus est iam multi viri docti disserebant, praecipue vero Albertus C. Clark[1]), homo eruditissimus qui hoc saeculo ineunte corpus orationum Tullianarum Oxonii edidit. Clarkianis et aliorum[2]) studiis peracutis maxime freta satis superque libros manu scriptos ab editoribus examinatos et aestimatos esse sperabam traditionisque imaginem explicatam et abunde illustratam. cum autem procedente opere viderem multos testes partim ignotos partim spretos esse relationesque codicum numquam ad liquidum perductas, facile intellexi ab integro omnes codices investigandos esse.

Traditio Planciana centum et quinquaginta quattuor testibus constat. hanc ego turbam codicum conferre et examinare statui, sed ne inanem nimisque fastidiosum laborem in re facienda impenderem compendiariam viam secuta sum. orationis fragmenta quae ad textum constituendum maioris momenti videbantur[3]) ex toto contextu excerpsi et per omnes libros superstites magna cum diligentia contuli. lectiones varias in codicibus repertas accurate perscripsi, ut fundamentum novae codicum aestimationi praeberent. quo labore absoluto testes in novem familias discedisse comperi quarum tres eaedem sunt quae Clarkianae.

Familia quam ego 'primam' appellavi ad Clarkianam Germanam respondet; duobus vero vetustioribus codicibus constat: *Monacensi 18787* (T) et *Berolinensi fol. 252* (E). his pretiosis testibus duo recentiores adhaerent: *codex Florentinus Laurentianus S. Crucis 23 sin. 3* saeculi XIV (F) et *Cantabrigiensis* (olim *Balliolensis*) *Dd 13. 2* saeculi XV (C^1).

Familia quam 'secundam' voco septem et decem libros amplectitur:

codex Musei Britannici Arundel 236, chartaceus saec. XV (A)
codex Musei Britannici Burney 159, membranaceus saec. XV ineuntis (B^3)

1) A. C. Clark, Inventa Italorum, Anecdota Oxoniensia 11, Oxford 1909; M. Tulli Ciceronis Orationes, t. 6, Oxford 1911; The Descent of Manuscripts, Oxford 1918.

2) E. Wunder, praef. editionis pro Cn. Plancio, Lipsiae 1830; C. Halm, Zur Handschriftenkunde der Ciceronischen Schriften, München 1850; C. F. W. Mueller, praef. editionis Lipsiae 1898; A. Klotz, praef. editionis Lipsiae 1919.

3) §§ 1–4, 25–26, 28–32, 37–39, 48–49, 60–62, 66–68, 70–82, 89–90, 93–96, 101–104.

codex Florentinus Bibliothecae Nationalis Conv. soppr. J. IV. 4 (olim *S. Marci 255*), membranaceus saec. XV (**F**^{1})
codex Cracoviensis Bibliothecae Universitatis Iagellonensis BJ 517 (olim *DD. VIII. 15*), chartaceus saec. XV (**J**)
codex Mediolanensis Braidensis AG. IX 33, chartaceus saec. XV (**M**^{1})
codex Neapolitanus Bibliothecae Nationalis IV. B. 9, chartaceus saec. XV (**N**^{4})
codex Neapolitanus Bibliothecae Nationalis IV. B. 17, membranaceus saec. XV (**N**^{5})
codex Parisinus Bibliothecae Armamentarii 1042 (*24 B. L.*), chartaceus saec. XV (**P**^{4})
codex Parisinus Bibliothecae Nationalis Latinus 17883, membranaceus saec. XIV (**U**)
codex Vaticanus Ottobonianus 1599, chartaceus saec. XV (**V**^{6})
codex Venetus Bibliothecae Nationalis Marcianae Latinus Z 427 (= *1655*), membranaceus saec. XV (**W**^{1})
codex Venetus Bibliothecae Nationalis Marcianae Latinus XI 37 (= *3928*), chartaceus saec. XV (**W**^{3})
codex Berolinensis Hamilton 170, membranaceus saec. XV (**b**)
codex Vaticanus Palatinus Latinus 1485, membranaceus saec. XV (ϱ)
codex Parisinus Bibliothecae Nationalis Latinus 7781, chartaceus saec. XV (π^{4})
codex Parisinus Bibliothecae Nationalis Latinus 7782, membranaceus saec. XV (π^{5}).

Cum Clarkiana familia Italica mea 'tertia' congruit; quinquaginta fere codicibus exstat:

codex Mediolanensis Ambrosianus C 175 inf., membranaceus saec. XV (**A**^{5})
codex Mediolanensis Ambrosianus C 236 inf., chartaceus saec. XV (**A**^{6})
codex Musei Britannici Burney 157, membranaceus saec. XV (**B**^{2})
codex Musei Britannici Harley 2681, membranaceus a. 1483 (**B**^{4})
codex Musei Britannici Additional 16980, chartaceus saec. XV (**B**^{7})
codex Taurinensis Bibliothecae Nationalis E-II-24, membranaceus a. 1440 (**C**)
codex Oxoniensis Canon. class. Latinus 226, membranaceus saec. XV (**C**^{2})
codex Vindobonensis Bibliothecae Nationalis 4, membranaceus saec. XV (**D**^{1})
codex Vindobonensis Bibliothecae Nationalis 11 (olim *Salisburgensis I. a.*), membranaceus saec. XV (**D**^{2})
codex Monacensis Electoralis 68, membranaceus saec. XV (**E**^{1})
codex Florentinus Laurentianus plut. 48, 7, chartaceus saec. XV (**L**^{1})
codex Florentinus Laurentianus plut. 48, 8, membranaceus saec. XV (**L**^{2})
codex Florentinus Laurentianus plut. 48, 9, membranaceus saec. XV (**L**^{3})
codex Florentinus Laurentianus plut. 48, 10, membranaceus a. 1415 (**L**^{4})
codex Florentinus Laurentianus plut. 48, 11, membranaceus saec. XV (**L**^{5})
codex Florentinus Laurentianus plut. 48, 12, membranaceus saec. XV (**L**^{6})
codex Florentinus Laurentianus plut. 48, 13, membranaceus saec. XV (**L**^{7})
codex Florentinus Laurentianus plut. 48, 18, partim membranaceus partim chartaceus saec. XV (**L**^{8})
codex Florentinus Laurentianus plut. 48, 20, membranaceus saec. XV (**L**^{9})
codex Mediolanensis Ambrosianus Latinus C 121 inf., membranaceus saec. XV (**M**)
codex Latinus Monacensis 15734 (olim *Salisburgensis aulicus s. archiepiscopalis n. 34*), membranaceus saec. XV (**N**)
codex Neapolitanus Bibliothecae Nationalis IV. B. 5, partim membranaceus, partim chartaceus saec. XV (**N**^{1})
codex Neapolitanus Bibliothecae Nationalis IV. B. 6, membranaceus saec. XV (**N**^{2})
codex Neapolitanus Bibliothecae Nationalis IV. B. 7, membranaceus saec. XIV (**N**^{3})
codex Oxoniensis d'Orville 79 (= *Auct. X. 1. 3. 20*), membranaceus saec. XIV (**O**)
codex Oxoniensis Lincoln 39, membranaceus saec. XV (**O**^{1})
codex Oxoniensis Collegii Novi 249, membranaceus saec. XV (**O**^{4})

codex Oxoniensis Bodleianus Rawlinson G. 138, membranaceus saec. XV ineuntis (**O**^{8})
codex Vaticanus Latinus 2903, membranaceus saec. XV (**R**^{4})
codex Vaticanus Latinus 3230, membranaceus saec. XV (**R**^{5})
codex Senensis Latinus H. XI. 64, membranaceus saec. XV (**S**^{2})
codex Taurinensis Bibliothecae Nationalis E-IV-39, membranaceus saec. XV (**T**^{1})
codex Vaticanus Arch. S. Petri H. 24, membranaceus saec. XV (**V**^{1})
codex Vaticanus Ottobonianus Latinus 1991, membranaceus saec. XV ineuntis (?) (**V**^{7})
codex Florentinus Bibliothecae Nationalis Conv. soppr. J. IV. 5 (olim *S. Marci 254*), membranaceus saec. XV (**X**)
codex Florentinus Bibliothecae Nationalis II. I. 63, membranaceus saec. XV (**X**^{1})
codex Florentinus Bibliothecae Nationalis II. II. 65, chartaceus saec. XV (**X**^{2})
codex Florentinus Bibliothecae Nationalis Conv. soppr. J. IX. 1 (Ciceronis elegantiae selectae), chartaceus saec. XV (?) (**X**^{4})
codex Florentinus Bibliothecae Nationalis Landau Finaly 21, membranaceus saec. XV (**X**^{5})
codex Escurialensis Latinus R. I. 12, membranaceus saec. XV (**Y**^{2})
codex Vaticanus Latinus 1743, membranaceus saec. XV (**d**)
codex Bononiensis Bibliothecae Universitariae MS. 2227, membranaceus saec. XV (**f**^{1})
codex Vaticanus Latinus 1745, membranaceus saec. XV (**g**)
codex Vaticanus Urbinas 320 (olim *565*), membranaceus saec. XV (**r**)
codex Vaticanus Latinus 1744, membranaceus saec. XV (**t**)
codex Taurinensis Bibliothecae Nationalis F-IV-I/15 (*R 882*), membranaceus saec. XIV (fragmenta) (**v**)
codex Florentinus Laurentianus plut. 48, 21, membranaceus saec. XV ineuntis (**w**^{1})
codex Florentinus Laurentianus plut. 48, 23, membranaceus saec. XV (**w**^{2})
codex Florentinus Laurentianus plut. 48, 24, membranaceus saec. XV (**w**^{3})
codex Vaticanus Palatinus Latinus 1486, membranaceus saec. XV (σ)
codex Parisinus Bibliothecae Nationalis Nouv. Acq. Latinus 3032, chartaceus saec. XV (π^{1})

Ad Clarkianam Gallicam mea familia 'quarta' respondet. constat vero duodecim testibus:

codex Carpentoractensis Bibliothecae Publicae 358, membranaceus saec. XV (**C**^{3})
codex Parisinus Bibliothecae Nationalis Latinus 7777 (olim *Colbertinus*), membranaceus a. 1466 (**D**)
codex Parisinus Bibliothecae Nationalis Latinus 16228 (olim *Sorbonne 909*), membranaceus saec. XV (**G**)
codex Bernensis Latinus 254, membranaceus saec. XV ineuntis (**H**^{1})
codex Parisinus Bibliothecae Nationalis Latinus 16226 (olim *Sorbonne 484*), chartaceus saec. XV (**P**^{1})
codex Parisinus Bibliothecae Nationalis Latinus 6369, membranaceus saec. XIV vel XV (**P**^{5})
codex Parisinus Bibliothecae Nationalis Latinus 14749 (olim *S. Victoris 91*), membranaceus saec. XV (**S**)
codex Leidensis Bibliothecae Universitariae Vossianus Latinus Q. 128, membranaceus ante a. 1437 (**l**)
codex Parisinus Bibliothecae Nationalis Latinus 7780, membranaceus saec. XV (π^{3})
codex Parisinus Bibliothecae Nationalis 7784 (olim *Colbertinus*), membranaceus saec. XV (π^{6})

codex Parisinus Bibliothecae Nationalis Latinus 7824 (olim *Puteaneus*), chartaceus saec. XV (**π^8**)
codex Parisinus Bibliothecae Nationalis Latinus 7828, chartaceus saec. XV (**π^9**).

Familia 'quinta' septem decem codices amplectitur in quibus exstant nonnulli saeculo XIV exarati:

codex Mediolanensis Ambrosianus O 79 sup., membranaceus saec. XV (**A^1**)
codex Oxoniensis Lincoln 40, chartaceus saec. XV (**O^2**)
codex Oxoniensis Collegii Novi 302, chartaceus saec. XV (**O^5**)
codex Oxoniensis Latinus Class. d. 28, chartaceus ante a. 1449 (**O^6**)
codex Oxoniensis Bodleianus Rawlinson G. 137, chartaceus saec. XV (§ 1–24) (**O^7**)
codex Vaticanus Palatinus 1477, membranaceus saec. XIV (**R**)
codex Lovaniensis Bibliothecae Universitatis G 119, membranaceus saec. XIV, nunc deperditus (**R^1**)
codex Stregnesianus Latinus F. 7, chartaceus saec. XV (**S^3**)
codex Vaticanus Reginensis Latinus 1486, chartaceus saec. XV (**V^8**)
codex Vaticanus Reginensis Latinus 1825, chartaceus saec. XV (§ 1–39) (**V^9**)
codex Venetus Bibliothecae Nationalis Marcianae Latinus Z 428 (= *1810*), membranaceus saec. XV (**W^2**)
codex Matritensis Bibliothecae Nationalis 10119, membranaceus saec. XIV (**Y^1**)
codex Escurialensis T-II-4, membranaceus saec. XV (**Y^4**)
codex Parisinus Bibliothecae Nationalis Latinus 7778, membranaceus saec. XIV (**Z**)
codex Vaticanus Barberinianus Latinus 142 (olim *1403*, deinde *IX. II*), membranaceus saec. XV ineuntis (**a**)
codex Bononiensis Bibliothecae Universitariae MS. 469, membranaceus ante a. 1466 (**f^2**)
codex Parisinus Bibliothecae Nationalis Latinus 7787, chartaceus saec. XV (**π^7**).

Decem libri supersunt quos familiae 'sextae' tribui, omnes vero recentiores ac contaminati. quam ob rem in textu constituendo parum aut nihil prodesse possunt.

codex Mediolanensis Ambrosianus B 124 sup., chartaceus saec. XV (**A^2**)
codex Musei Britannici Harley 5428, chartaceus a. 1470 (**B^5**)
codex Vindobonensis Bibliothecae Nationalis 3148, chartaceus saec. XV (**D^5**)
codex Oxoniensis Balliol 248 A, membranaceus a. 1444–1454 (**O^3**)
codex Parisinus Bibliothecae Natioralis Latinus 17154 (olim *La Vallière 2243*), chartaceus saec. XV (**P^3**)
codex Vaticanus Rossianus 1034, chartaceus saec. XV (**R^3**)
codex Vaticanus Ottobonianus Latinus 1463, membranaceus saec. XV ineuntis (**V^4**)
codex Florentinus Laurentianus plut. 48, 25, membranaceus saec. XV (**w^4**)
codex Vaticanus Latinus 1742, membranaceus saec. XV (β)
codex Vaticanus Palatinus Latinus 1482, membranaceus saec. XV (ζ).

'Septima' familia sex codicibus deterioris notae constat:

codex Vindobonensis Bibliothecae Nationalis 3122, chartaceus a. 1461 (**D^4**)
codex Senensis Bibliothecae Urbicae H. VI. 11, membranaceus saec. XV (**S^1**)
codex Vaticanus Ottobonianus Latinus 1453, chartaceus saec. XV ineuntis (**V^3**)
sodex *Florentinus Bibliothecae Nationalis Conv. soppr. J. IV. 12*, membranaceus caec. XV (**X^3**)
codex Escurialensis R-I-15, membranaceus saec. XV (**Y^3**)
codex Florentinus Laurentianus plut. 52, 1, chartaceus, saec. XV ineuntis (**w^5**).

Familia 'octava' ex septem libris manu scriptis exsistit qui in textu constituendo nihil nobis profuerunt.

codex Vindobonensis Bibliothecae Nationalis 31, membranaceus saec. XV (**D³**)
codex Genevensis Latinus Bibliothecae Publicae et Universitariae 101, membranaceus saec. XV (**G²**)
codex Vaticanus Latinus 3231, chartaceus saec. XV (**R⁶**)
codex Escurialensis V-III-23, membranaceus saec. XV (**Y⁶**)
codex Vaticanus Latinus 10661, membranaceus saec. XV (**h**)
codex Latinus Monacensis 10711 (olim *V. 94*), partim membranaceus partim chartaceus saec. XV (**n**)
codex Vaticanus Palatinus 1480, membranaceus saec. XV (**δ**).

Reliquos vero septem et viginti libros, qui non nimis arte inter se cohaerent, familiae 'nonae' tribuimus: horum relationes accuratius ut indicerem, in quattuor classes testes divisi. nunc primum omnes codices familiae IX enumerabo:

codex Mediolanensis Ambrosianus Q 17 sup., membranaceus a. 1457 (**A³**)
codex Mediolanensis Ambrosianus A 141 sup., chartaceus saec. XV (**A⁴**)
codex Musei Britannici King's 19, chartaceus saec. XV exeuntis (**B⁶**)
codex Genevensis Bodmerianus 51, membranaceus saec. XV (**G¹**)
codex Berolinensis Hamilton 171, membranaceus saec. XV (**H**)
codex Parisinus Bibliothecae Nationalis Latinus 7779, membranaceus a. 1459 (**K**)
codex Bibliothecae Publicae Leidensis 50, chartaceus a. 1459–1473 (**L**)
codex Vaticanus Palatinus Latinus 1476, membranaceus saec. XIV (**P**)
codex Parisinus Bibliothecae Nationalis Latinus 16227 (olim *Sorbonne*), membranaceus saec. XV (**P²**)
codex Parisinus Bibliothecae Nationalis Latinus 7788 (olim *Colbertinus 2082*), chartaceus saec. XV (**Q**)
codex Ragusanus Bibliothecae Dominic. 24, membranaceus saec. XV (**R²**)
codex Vaticanus Latinus 4608, chartaceus saec. XV (**R⁷**)
codex Vaticanus Chigianus H. VI. 181, membranaceus saec. XV (**V²**)
codex Budapestensis Musei Nationalis Hungarici Latinus 147 (olim *159 Quart. lat.*), membranaceus saec. XV (**W**)
codex Venetus Bibliothecae Marcianae Latinus XI 38 (= *3825*), membranaceus saec. XV (§ 1–27 *codice Mediolanensi Laurentiano Ashburnhamiano 253* asservantur) (**W⁴**)
codex Escurialensis V-III-14, membranaceus saec. XV ineuntis (**Y⁵**)
codex Vaticanus Latinus 1746, membranaceus saec. XIV vel XV (**e**)
codex Vaticanus Palatinus Latinus 1820, membranaceus a. 1394 (**i**)
codex Hagensis Bibliothecae Regiae 75 C 63, membranaceus saec. XV (**j**)
codex Romanus Casanatensis 151 (olim *C. V. I*), membranaceus saec. XV (**k**)
codex Vaticanus Palatinus Latinus 1483, chartaceus saec. XV (**p**)
codex Mutinensis Estensis Latinus 442 = α. S. 4. 19 (olim *VI. G. 10*), membranaceus saec. XV (**s**)
codex Parisinus Bibliothecae Nationalis Nouv. Acq. 1564, membranaceus saec. XV (**α**)
codex Vaticanus Palatinus Latinus 1478, membranaceus a. 1413 (**γ**)
codex Vaticanus Palatinus Latinus 1481, chartaceus saec. XV (**ε**)
codex Vaticanus Palatinus Latinus 1484, membranaceus saec. XV (**π**)
codex Vaticanus Palatinus Latinus 1490, chartaceus a. 1466 (**τ**).

Conspectus lectionum cuique familiae propriarum:

Familia I: § 1 *quoniam propter* **ET** *cum propter* cett. | *suffragare* **ET** *suffragari* cett. || § 2 *in me summum meritum* **ET**($\mathbf{O^5}$) *in meum meritum* $\mathbf{C^1}$ *in me suum meritum* cett. | *qui me ipsi* $\mathbf{C^1EFT}$ *qui me ipsum* cett. | *dignitatis et* **ET** *dignissimum* vel *diligentissimum* cett. || § 3 *neque adrogo iudices* **ET** *iudices neque adrogo* vel sim. cett. | *maioris* **ET** *maiores* cett. | *suspicio* $\mathbf{C^1ET}$($\mathbf{O^5}$) *suscipio* cett. || § 4 *seiunctum* $\mathbf{C^1ET}$($\mathbf{D^2N}$) *seui actum* **F** om. vel lac. vel *alienum* vel *dictum* cett. | *et tum* $\mathbf{C^1ET}$ *cetum* vel sim. cett. || § 25 *enim ego* $\mathbf{C^1ET}$ *ego* cett. | *salutis meae* **ET** *mee* **F** *meo* cett. || § 26 *absentis* $\mathbf{C^1ET}$ om. cett. | *uotis omnibus lacrimisque* **ET** *lacrimis uotisque omnibus* vel sim. cett. || § 28 *tr. miles* **ET** *tribunus militum* vel sim. cett. | *legationem suam et mandata* **ET** *legationem et mandata sua* vel sim. cett. || § 29 *est parens* $\mathbf{C^1ET}$ *parens* cett. | *cum uidetis* $\mathbf{C^1EFT}$ ($\mathbf{L^3}$) *cum uideatis* cett. | *iudices solida* $\mathbf{C^1ET}$ *solida iudices* cett. | *fugat a* **ET** *fucata* cett. || § 30 *generis dico et nominis* $\mathbf{C^1ET}$($\mathbf{R^7}$) *generis et nominis dico* vel *nominis et generis dico* cett. | *meorum temporum* **ET** *temporum meorum* vel sim. cett. | *parem* **ET** *partim* $\mathbf{C^1F}$ *patris* cett. | *bimaritum* **ET** *maritum* vel *meritum* cett. | *maledicto* **ET**($\mathbf{D^5L^1s}\,\pi^8$) *maledico* cett. | *iuuentute* **ET** (**A** m. 2 mg) *iuuene* cett. || § 31 *qui* **ET** *cui* vel *tui* cett. | *emissus per inprudentiam* **ET** om. cett. | *si sordidissimus* **ET** *sordidissimus* cett. || § 37 *hanc* $\mathbf{C^1ET}$ om. cett. || § 38 *est certe* $\mathbf{C^1EFT}$ *et certe* cett. | *quid cum* **ET** *cum* cett. || § 39 *corruptas* $\mathbf{C^1ET}$ om. cett. | *tibi laterensis* $\mathbf{C^1ET}$ *laterensis* **F** *laterensi* cett. | *nam ut* $\mathbf{C^1ET}$ *nam in* vel *nam* cett. || § 49 *si* **ET** *sit* vel *sic* vel om. cett. | *largiri quispiam* **ET** *quispiam largiri* cett. | *diribite* **ET** *diripite* **F** *dirempte* $\mathbf{C^1}$ *descriptae* vel *rescriptae* vel *describitae* cett. | *ain* **ET** *an* cett. || § 50 *laterensis si id* **ET** *si id laterensis* cett. || § 61 *didi* $\mathbf{C^1EFT}$ om. vel lac. cett. | *ceperint* **ET** *penderint* $\mathbf{C^1}$ *gesserint* $\mathbf{A^5D^2L^3N}$ lac. vel om. vel *laude fuerint digni* vel sim. cett. || § 62 *se* $\mathbf{C^1ET}$ om. cett. || § 67 *uirtuti* **ET** *uirtutis* cett. | *ualuit adseruandis* **ET** *at ualuit seruandis* cett. | *ea* $\mathbf{C^1ET}$ om. cett. | *uitae* **ET** om. cett. | *sunt eosdem honores consecuti* $\mathbf{C^1ET}$ *eosdem honores consecuti* vel *eosdem honores consecuti sunt* cett. || § 68 *plancio debere* **ET** *debere plancio* cett. || § 77 *et gratiam* **EFT** ($\mathbf{R^3}$) *ei gratiam* vel *gratiam* vel *gratiam ei* cett. || § 78 *idcirco minus libenter iudices* **ET** *iudices idcirco minus* vel sim. cett. | *causa esse* **ET** ($\mathbf{L^9}\,\pi^1$) *causa* cett. | *monimento* **ET** ($\mathbf{L^3L^6}$) *monumento* cett. | *haec* $\mathbf{C^1ET}$ om. cett. | *in te animo* **ET** *animo in te* cett. | *defugerim* **EFT** *diffugiam* $\mathbf{C^1}$ *defugerem* vel sim. cett. | *nam* $\mathbf{C^1ET}$ ($\mathbf{D^3L^6W^2}\,\varrho$) *natura* vel sim. cett. | *uerbum* $\mathbf{C^1ET}$ *uerbis* **F** *uerbi* cett. | *enim est* **ET** (π^4) *enim* cett. | *concurrunt* $\mathbf{C^1ET}$ ($\zeta\,\pi^5$) *concurrit* cett. | *bene de me* **ET** *de me bene* $\mathbf{C^1}$ *de me* vel *me* cett. || § 79 *haec* $\mathbf{C^1EFT}$ ($\mathbf{D^4F^1S^2d}\,\pi^1$) *hoc* vel om. cett. || § 80 *esse gratum* **ET** *gratum esse* cett. | *uitae iucunditas* $\mathbf{C^1ET}$ *iocunditas uitae* vel *iocunditas* cett. || § 82 *crimini* $\mathbf{C^1ET}$ *ori* vel om. cett. | *illud* $\mathbf{C^1ET}$ om. vel *id* cett. | *siquae* $\mathbf{C^1ET}$ *siqua* cett. || § 89 *quod* **ET** ($\mathbf{L^3}$) *quo* vel *qua* vel *que* cett. || § 90 *ediderunt* $\mathbf{C^1EFT}$ *dediderunt* vel *dederunt* vel sim. cett. || § 93 *uersatur* $\mathbf{C^1EFT}$ ($\mathbf{B^7}$) *uersetur* cett. | *utilitate rei publicae* **ET** *rei publicae utilitate* cett. || § 94 *inclinatio* **ET** *indignatio* vel *conditio* cett. | *defensas* **ET** *defendas* vel *defendendas* cett. | *tu* **EFT** om. cett. || § 95 *in quo* $\mathbf{C^1EFT}$ *quod* cett. | *e cloaca* **ET** (*e doca*) *ex cloaca* cett. | *est ex meis* $\mathbf{C^1ET}$ ($\mathbf{A^1}$) *ex meis est* vel *ex meis* cett. || § 96 *rei publicae causa* $\mathbf{C^1ET}$ *res publica* vel *r. p.* cett. | *p. r.* **EFT** ($\mathbf{B^3}$) *populus romanus* $\mathbf{C^1}$ *pater* vel *praetor* cett. | *iudices* $\mathbf{C^1ET}$ *uidelicet* vel *neque* cett. | *posset* $\mathbf{C^1ET}$ *non posset* cett. || § 101 *beniuolentia* **ET** *beniuolentiam* cett. | *horum* **ET** *eorum* cett. | *tibi nihil* $\mathbf{C^1ET}$ *nihil tibi* vel *nihil* cett. || § 102 *te* **ET** *huc* vel *nec* vel *nunc* vel *hunc* cett. | *non dicam meorum* **ET** *meorum non dicam* vel sim. cett. | *hic* $\mathbf{C^1ET}$ om. cett. || § 103 *liberos uestros* **ET** *liberos* cett.

Familia II: § 28 *suis ciuitatibus* $\mathbf{AB^3F^1JM^1N^4N^5\,UV^6W^3b}\,\varrho\,\pi^4$ ($\mathbf{C^1}$) *ciuitatibus suis* cett. || § 30 *nominis et generis dico* $\mathbf{AB^3F^1JM^1N^4N^5\,UV^6W^1W^3b}\,\varrho\,\pi^4$ *generis et nominis dico* vel *generis dico et nominis* cett. ‖ § 31 *debebat* $\mathbf{AB^3M^1N^4N^5P^4V^6W^1W^3b}\varrho$ *debet* cett. | *ad* $\mathbf{JN^4UW^3b}\varrho\pi^4$ *id* cett. | *pater ... fortunarum* om. $\mathbf{AJM^1N^4N^5P^4UW^3b}\varrho$ $(\mathbf{O^5O^6RV^9W^2Y^1Z})$ *capitis ... fortunarum* om. $\mathbf{B^3F^1}$ | *debebat* $\mathbf{AB^3JM^1N^4P^4UW^3}\varrho$ $(\mathbf{P^2Z}\pi^9)$ *debeat* cett. ‖ § 32 *praetura* $\mathbf{AB^3F^1JM^1N^4N^5P^4UW^3b}\varrho$ *praefectura* cett. ‖ § 37 *honestaque* $\mathbf{AB^3F^1M^1N^4P^4V^6W^1W^3}\varrho$ *honestarum* **J** *honesta* **b** *honestas* $\mathbf{N^5}$ *honesteque* cett. | *quibus eius* $\mathbf{AB^3N^4N^5P^4V^3W^1W^3b}$ *eius* **U** *cuius* $\mathbf{M^1}$ *qui omnes* $\mathbf{F^1}$ *qui eius* cett. | *hi* $\mathbf{AJM^1N^4N^5P^4UW^3b}\pi^4$ *is* vel *his* cett. ‖ § 38 *uoluisti* $\mathbf{AB^3F^1JM^1N^4N^5P^4UW^3b}$ $(\mathbf{Y^4})$ *debuisti* cett. | *lubet* om. $\mathbf{AJM^1N^4N^5P^4UW^3b}\varrho$ | *dustamina* $\mathbf{AJN^4N^5P^4UW^3b}$ *clustumina, crustumina* et sim. cett. ‖ § 39 *sententiam* $\mathbf{AB^3F^1JM^1N^4N^5P^4UW^1W^3b}\varrho\pi^4$ *ad sententiam* cett. ‖ § 48 *quorum* post *studio* $\mathbf{B^3F^1JM^1N^4N^5P^4UW^3b}\pi^4$ ‖ § 49 *rescriptae* $\mathbf{B^3M^1N^4N^5P^4UW^3b}\pi^4$ $(\mathbf{A^1O^2O^5O^6PP^2V^8Y^1Y^5Zaf^2}\alpha\gamma\pi^7)$ ‖ § 67 *ualuit* ante *liberalitatem* om. $\mathbf{AB^3F^1JM^1N^4N^5UV^6W^1W^3b}\varrho$ ‖ § 68 *bonis* post *hominibus* $\mathbf{AB^3F^1JN^4P^4UV^6b}\varrho$ | *aliquid* om. $\mathbf{AB^3F^1JM^1N^5P^4UV^6W^3b}\varrho$ ‖ § 78 *possim* post *gratus* $\mathbf{AB^3F^1JM^1N^4N^5UV^6W^3b}\varrho$ ‖ § 81 *cuius* $\mathbf{AB^3F^1JM^1N^5P^4UW^3}$ *cui* cett. | post *cuius* vel *cui* legitur: *locus non ille mutus ipse ubi* $\mathbf{AB^3F^1JN^4N^5UV^6W^3b}\varrho$ *locus non ille mutus ipse* $\mathbf{P^4}$ *locus non ille mutus ipse nisi* $\mathbf{M^1U}$ | *tanti* post *esse* $\mathbf{AJM^1N^4N^5P^4Ub}\varrho$ *tantae* post *esse* $\mathbf{B^3F^1V^6}$ ‖ § 82 *quoniam ita tu uis nimium* om. $\mathbf{AB^3F^1JM^1N^4N^5UW^3}$ | *in eo reprehendit* om. $\mathbf{AB^3F^1JM^1N^4N^5P^4UV^6W^3b}\varrho$ ‖ § 93 *omnes* post *debemus* $\mathbf{AB^3F^1JM^1N^4N^5P^4UW^3b}\varrho$ (π^5) | *non me cui semper senatus* $\mathbf{F^1JM^1N^5P^4UW^3b}\varrho$ ($\mathbf{W^1}$: lac. § 93–100) *ne me cui semper senatus* $\mathbf{N^4}$ *non cui me semper senatus* **A** *nunc etiam cui me semper senatus* $\mathbf{V^6}$ *nunc etiam senatus cum me semper* π^4 *nunc etiam senatus cui me semper* cett. ‖ § 94 *libertatem* $\mathbf{AB^3F^1JM^1N^4N^5P^4UV^6W^3b}\varrho$ *libertatemque* cett. ‖ § 95 *meritis* $\mathbf{B^3M^1N^4UW^3}$ *merita* $\mathbf{AF^1J^2}\pi^5$ *meritus* **Jb** *meritum* cett. | *notum atque auditum* $\mathbf{AB^3F^1JM^1N^4N^5P^4UV^6W^3b}\varrho\pi^5$ *auditum atque notum* cett. | *urbis* $\mathbf{AB^3F^1JM^1N^4N^5P^4UV^6W^3b}\varrho$ $(\mathbf{D^3G^2LR^6shn}\delta\varepsilon)$ *urbi* cett. | *mihi erat sicut ipsa* $\mathbf{AF^1JM^1N^4N^5P^4UV^6W^3b}\varrho$ *ipsa erat mihi sicut* cett. ‖ § 102 *me* $\mathbf{AB^3F^1JM^1N^5P^4UV^6W^3b}\varrho$ om. $\mathbf{N^4}$ *mihi* cett. ‖ § 103 *metu* post *commutatae* $\mathbf{B^3F^1JM^1N^4N^5P^4UV^6W^3b}\varrho$ (*mecum* $\mathbf{N^4}$, *comitatae* $\mathbf{B^3}$) | *uestrae* post *etiam* $\mathbf{B^3F^1JM^1N^4N^5P^4UV^6W^3b}\varrho$ (*ueste* $\mathbf{JM^1N^4P^4UW^3b}$ ϱ) ‖ § 104 *flaue* $\mathbf{AJN^5b}\varrho\pi^5$ *flaui* cett. | *eos* $\mathbf{AB^3F^1JM^1N^4N^5P^4UV^6W^3b}\varrho\pi^4$ *hos* cett. | *tibi* $\mathbf{AJM^1N^4P^4UV^6W^3b}\varrho\pi^4$ *tibi et* cett. | *tu* $\mathbf{N^4P^4W^3b}$ (π^3) *tum* **AJ** *tuae* cett. | *et* $\mathbf{AB^3F^1JM^1N^4N^5UV^6W^1W^3b}\varrho$ $(\mathbf{D^3})$ *etiam* cett. | *in eosdem* $\mathbf{JM^1N^4N^5P^4UV^6W^3b}\varrho$ $(\mathbf{G^2}\zeta)$ *eosdem* cett. (*in* post *eosdem* om. $\mathbf{JM^1U}$) | *et* post *saepe* om. $\mathbf{AB^3F^1N^4N^5P^4V^6W^3b}\varrho$ (*saepe* om. $\mathbf{B^3F^1}$, *saepe* post *multum* $\mathbf{M^1U}$).

Familia III: (lectiones omnibus codicibus traditae) § 26 *quod tecto receperunt* om. ‖ § 28 *fecit* (*facit* cett.) ‖ § 29 *necessaria* (*in scaena* cett.) ‖ § 62 *fuerint* (*sunt* cett.) ‖ § 81 *locus ille mutus ipse ubi* ‖ § 89 *iustissimus* (*iustissimos* cett.) ‖ § 95 *lapidem* (*lapidemque* vel *et lapidem* cett.) | *celebratione commemoratum* (*commemoratione celebratum* vel sim. cett.) | *iuris* post *senatus* ‖ § 97 *tunc iter tutum* ‖ § 102 *tamen* post *exurge* ‖ § 103 *uos* om.

Familia tertia quinque classibus constat quarum prima (III a) codices amplectitur quinque et viginti: $\mathbf{A^5A^6B^7C^2D^2E^1L^2L^3L^6L^7L^8L^9MNN^3R^4S^2V^7X^2X^5dgtw^3}\pi^1$, secunda (IIIb) quattuordecim codicibus exstat: $\mathbf{B^2B^4CD^1L^1L^5N^2O^1O^4O^8XX^1f^1r}$, ad tertiam (IIIc) libros quattuor tribui: $\mathbf{w^1w^2vX^4}$, quarta (IIId) tres codices amplectitur: $\mathbf{R^5T^1Y^2}$, quinta (IIIe) denique ex duobus libris exsistit: $\mathbf{L^4}\sigma$. lectiones cuique classi propriae sunt quae sequuntur:

III a: § 26 *quod* om. ‖ § 28 *fuit* post *macedonia* ‖ § 29 *nec uero* (*neque enim* cett.) | *concursatio* (*occursatio* cett., *conuersatio* $\mathbf{A^5}$) ‖ § 31 *ut* om. (*pater ut in iudi-*

cio . . . fortunarum om. **N**) || § 48 *hoc* om. || § 49 *constantia* (*constantiam* **π**[1], *auctoritate* **D**[2]**N** et cett.) | *hominum* (*hominum omnium* **A**[5]**L**[3]**X**[5], *omnium* cett.) | *tu* om. (*tu* post *plancium* **A**[5]**L**[3]**L**[6]**X**[5]) || § 62 *falso* (*factum* **D**[2]**N**, *falsum* cett.) || § 67 *et ualuit assiduitate* post *amicis* || § 68 *cara* post *aeque* (post *mea* **E**[1]) || § 78 *fuit* om. || § 80 *omnium* om. | *religionem* (*religionum* cett.) || § 82 *esse* post *maluerim* || § 90 *putarem* (*putaui* cett.) || § 101 *tibi* om.

IIIb (**B**[2] et **C** mutili sunt: unus §§ 31 – 48 caret, alter 81 – 104): § 4 *apud uos* om. || § 25 *in ea* (*mea* cett.) || § 31 *commemoratione* (*commendatione* cett.) || § 49 *noluit* (*ualuit* cett.) || § 82 *religiosas* (*litigiosas* cett.) || § 96 *in* om. || § 101 *hos gemere* om. || § 104 *senatu* (*consulatu* cett.).

IIIc (**v** tribus foliis constat quibus §§ 96 – 101 asservantur; **X**[4] 'elegantias selectas' tradit): § 1 *meos* om. **w**[2]**X**[4] || § 26 *uiaticum* ante *nauigium* add. **w**[1]**w**[2] || § 80 *uirtutibus* om. **w**[2]**X**[4] || § 94 *uiris* om. **w**[1]**w**[2]**X**[4] || § 97 *sed* **vw**[1]**w**[2] (*uel* cett.) || § 102 *dediderunt* **vw**[1]**w**[2]**X**[4] (*reddiderunt* cett.).

IIId: § 26 *parente* **R**[5]**T**[1] (*parenti* cett.) || § 29 *liberis ueretur* **R**[5]**T**[1] m. 2 (**V**[2]) (*liberis* cett. || § 31 *ut summa* **R**[5]**T**[1] m. 2 (*summa* cett.) || § 38 *ededere* **R**[5]**T**[1] (*edere* cett.) || § 62 *uolubitas* **T**[1] *uolubras* in *uolubritas* **R**[5] m. 2 (*uolubilitas* cett.) || § 81 *ita liberaliter* **T**[1]**Y**[2] (*liberaliter* cett.) | *possent* **R**[5]**T**[1]**Y**[2] || § 93 *iam* **R**[5]**T**[1] (*idem* cett.) | *suum* **R**[5]**T**[1]**Y**[2] (*sum* cett.) | *priuatam* **R**[5]**T**[1] (**A**) (*priuatim* cett.) || § 94 *nobis* om. **R**[5]**T**[1]**Y**[2] || § 96 *eorum* om. **T**[1]**Y**[2] || § 102 *tuarum* om. **R**[5]**T**[1]**Y**[2] (**B**[3]**U**).

IIIe: § 1 *et singularem* om. || § 37 *et* om. | *honeste* (*honesteque* vel sim. cett.) || § 49 *quisquam* (*quispiam* cett.) || § 89 *defenderem* (*defenderet* cett.).

Familia IV: § 32 *laudanda* (*laudata* **π**[3] et cett.) || § 48 *sicque* (*sic* cett.) || § 49 *certum* (*certe* cett.) | *prorogata* (*prerogatam* **P**[1] *praerogatiua* **π**[3] **π**[6] et cett.) || § 66 *quam negotii* om. || § 67 *me* om. (*me* **π**[3] **π**[6] et cett.) || § 78 *at* (*an* cett.) | *commendanda* (*commendata* cett.) || § 94 post *paream* add. *neque enim inconstantis puto sententiam tamquam aliquod* (*aliquid* **DS**) *nauigium atque cursum ex rei p. tempestate moderari* (Cic. Balb. 61).

Familia V: § 2 *astrictus* (*obsctrictus* cett.) || § 28 *commissi* (*cum missi* cett.) | *huic adsident* om. || § 62 *integritas* om. || § 67 *hiis* (*iisdem, iis, his* cett.) || § 77 *extimare* (*aestimare* **V**[8], *existimare* cett.) || § 78 *nam* (*non* cett.) | *eorum* (*eodem* cett.) || § 80 *qui* om. || § 81 *aut . . . fuerunt* om. (*aut . . . possint* om. **Z**) || § 89 *defenderet et* (*defenderet cum* cett.) || § 92 *eis* (*meis* cett.) | *a me* om. || § 95 *uenit* (*uenio* cett.) | *aliud* (*illud* cett.) || § 97 *marci* (*m.* cett.) || § 101 *aliquos* (*alios* cett.) || § 104 *etiam* om. (*in* **RR**[1]) | *profuistis* (*profudistis* cett.)

Familia uero V cum IV in nonnullis lectionibus consentit. adfero quaedam exempla: § 29 *pietas* om. || § 39 *quin enim* (*quando enim, quidni enim* vel sim. cett.) || § 49 *earum* (*harum* cett.) || § 78 *etiam* post *magis* || § 90 *mortem* om. || § 93 *pertinet . . . in re publica* om. || § 103 *licentiam* (*laetitiam* cett.).

Familia VI: § 1 *hunc* ante *denique* add. || § 25 *est* post *necessitudinis* | *semper* post *quia* | *plurimum* post *usus* || § 28 *fuit* ante vel post *postea* add. | *illi* (*hi* cett.) | *tum* post *tamen* || § 29 *inmixta* (*inusta* cett.) || § 30 *maxime* (*maximeque* cett.) || § 37 *his* post *hominibus* vel *his* om. || § 38 *id* post *certe* add. || § 48 *utrum* ante *possis* add. | *quo* (*quorum* cett.) || § 49 *habere* post *coepit* | *cum* ante *auctoritate* add. || § 60 *iulius* (*in tuis* **D**[5], *L.* cett.) | *dignum* ante *multum* add. | *hoc* (*hii* vel *haec* cett.) || § 62 *falsum* (*secundum* cett.) | *quispiam* (*quisquam* cett.) | *munita, iniuncta* vel *inuicta* post *laterensis* | *ab* (*ex* cett.) | *necessitatis* (*necessitate* cett.) || § 78 *iudices idcirco non minus* (*iudices idcirco minus* vel sim.) | *ei* post *ego* vel *ei* om. || § 80 *uirtutum* post *omnium* || § 81 *ille locus mutus ubi ipse* || § 82 *submisso in eo* (*in eo* cett.) | *eum* om. | *et ego enim* (*etenim ego* cett.) | *uoluntati* (*uoluptati* cett.) || § 89 *ille* (*illud* cett.) | *uoluntarius* (*uoluntarium* cett.) | *ne aliquis* (*nequis* cett.) | *putaretur* (*pararetur* vel sim. cett.) | *committeretur* (*committerem* cett.) || § 90 *aut* (*ac* cett.) || § 93 *fui* post *semper* | *non* post *illius* | *ducem* post *defensorem* | *rem* *p.* (*rei publicae* cett.) | *cui* (**D^5** om., *quas* vel *qui* cett.) | *me* ante *non* || § 95 *opprimebatur* (*optinebatur* cett.) | *amicitiam* (*amicitia* cett.) || § 101 *tibi* post *ego* | *plurimas* post *effudisti* || § 102 *ut* om. || § 104 *de illis* post *recordor.*

Familia VII: § 28 *et* post *postea* add. || § 29 *quid* ante *cum* add. | *huius* post *quantam* | *uel blanditia* (*et blanditia* cett.) || § 48 *tu* om. || § 49 *harum* om. | *ambitus* post *auctor* | *iis* post *ipsis* | *suam* post *declararit* || § 62 *huius modi* (*istius modi* cett.) || § 81 *multorum* post *amicorum* || § 82 *tuo* post *ori* || § 92 *ut* ante *inquam* add. || § 93 *horum* post *cogito* || § 94 *haec* (vel *hoc*) post *didici* | *dimisi* post *umquam* || § 103 *uos* post *etiam.*

Familia VIII: § 29 *dicor* (*uideor* cett.) || § 31 *tum* (*tamen* cett.) || § 38 *praesertim serenissimorum* (*profecto seuerissimorum praesertim* cett.) | *in* post *nam* add. || § 78 *uidens* (*uides* cett.) || § 79 *postulat* (*poscat* cett.) | post *possem* add. *amice grauiterque* (*grauitusque* **h**) || § 80 *uere* vel *naturae* vel *nunc* post *sancti* add. || § 81 *stare* (*extare* cett.) || § 92 *ex* (*et* cett.) || § 93 *uideram* (*uideam* cett.) || § 95 *lapidem et* (*lapidemque, lapidem* cett.) | *atque* (*neque* cett.) | *tum* (*cum* cett.) | *urbis* (familia II, *urbi* cett.) || § 97 *illa* om. || § 102 *quidem* (*idem* cett.) | *parentes* (*patres* cett.)

Familia IX quattuor classibus constat quarum prima (IX a) quattuor codices amplectitur: **A^{3}A^4** (gemellos) et **Qα**, secunda (IX b) duobus plane gemellis exstat: **HV^2**, ad tertiam (IX c) libros undecim tribui: **B^{6}W^4** (gemellos) **GKPP^{2}R^{7}Y^{5}jγτ**, quarta (IX d) ex octo libris exsistit: **LR^{2}ekps επ**.

Classis IX a: § 4 *ipso* om. **A^{4}Qα** || § 26 *populo* **A^{3}A^{4}Qα** (*populoque* cett.) || § 27 *ea* **A^{3}A^{4}Qα** (**A^{2}D^{5}G^{2}R^{3}ζ**) (*eadem* cett.) || § 28 *ciuitatem suam* **A^4** *ciuitatem suarum* **α** (*ciuitatum suarum* cett.) | *moti* **A^{4}Q** (*commoti* cett.) | *uiuere* **A^{3}A^{4}α** (**L^1**) (*iure* cett.) | *desideratur* **A^{3}A^{4}α** (**C^1**) (*desideratus* cett.) || § 29 *quasi* **A^{3}A^4** (*quae si* cett.) || § 30 *mumolam* **A^{3}A^4** (*mimolam* vel sim. cett.) | *auiue* **A^{3}A^4** (*a iuuene* vel *a iuuentute* cett.) || § 31 *ualerent* **A^{3}A^{4}α** (*ualeret*^{1} cett.) | *ualent* **A^{3}A^{4}Q** *ualerent* **α** (*ualeret*^{2} cett.) || § 37 *qua* **A^{3}A^4** (*quas* cett.) | *ius* **A^{3}A^4** (*uix* cett.) || § 38 *quid*^{2} ... *Ufentina* om. **A^{3}A^4** | *illi etiam* **A^{3}A^4** (*maeciam, tres etiam* vel sim. cett.) || § 39 *ab hoc* om. **A^{3}A^{4}Q** || § 50 *si laterensis* **A^{3}A^4** (*si id laterensis* vel sim. cett.) | *comitiis* **A^{3}A^4** (*cum minus* cett.) || § 60 *certi* **A^{3}A^4** (*orti* cett.) || § 61 *T.* om. **A^{3}A^4** (**F^1**) | *quia* om. **A^{3}A^4** | *tempus* **A^{3}A^4** (**A^{5}L^{3}L^6**) (*temporis* cett.) || § 62 *attribuere* **A^{3}A^4** (*num* cett.) | *istis* om. **A^{3}A^4** || § 93 *enim* **A^{3}A^{4}Q** (**Tπ^{1}π^{4}τ**) || § 103 *extulisse* **A^{3}Q** (*extitisse* cett.) | *fructus* **A^{3}Q** (*fretus* cett.).

Classis IX b: § 3 *impunitarem impunitatem* **H** *inputarem inpunitatem* **V^2** (*impunitatem* cett.) || § 29 *dicam* **H** *dicar* **V^2** *dictor* **R^{2}ε** *dicor* **R^{7}ekps** (**A^{1}π^{7mg}JD^{3}R^{6}hnδ**) (*uideor* cett.) | *studi iudicia* **HV^2** (*indicia* cett.) || § 39 *ille* om. **HV^2** || § 78 *ei* om. **HV^2** (**B^{5}T**) || § 89 *omnium* post *metellorum* **HV^2** | *et* om. **HV^2** (**W^{2}γ**) || § 94 *et*^{2} om. **G^{1}HV^{2}s** (**b**) || § 95 *mea ... aut* om. **HV^2** | *notum sit* **HV^2** (*notum* cett.) || § 96 *nisi quod* **HV^2** (*nisi* cett.) || § 101 *spectas* **HV^2** (*aspectas* cett.).

Classis IX c: I: § 26 *fessum* post *inedia* **B^{6}W^4** || § 30 *quem* **B^{6}W^4** (*quae* cett.) || § 31 *obesse* post *filio* **B^{6}W^4** || § 32 *fuerant* **B^6** m. 1 **W^4** (*fuerint* cett.) || § 38 *terentiam* **B^{6}W^4** (*maeciam* vel al. cett.) || § 77 *contendit* post *tribunatu* **B^{6}W^4** || § 78 *agenda* post *putauit* **B^{6}W^{4}P** || § 79 *deposcat* **B^{6}W^4** (*poscat* cett.) | *distrahor* **B^{6}KPP^{2}R^{7}W^{4}jα** (**B^{3}F^{1}W^1**) (*distineor* cett.) || § 82 *me* ante *nimium* add. **B^{6}W^4** m. 2 || § 89 *uitae* ante *sententiae* add. **B^{6}W^4** || § 93 *fortasse* post *officiorum* **B^{6}W^4** | *etiam* post *quem* add. **B^{6}W^4** || § 97 *ut* om. **B^{6}W^4** (**F^{1}G^{1}kπ^1**) || § 102 *uos* post *simul* **PW^4**. II: § 28 *uehemens* post *esset* **B^{6}G^{1}KP^{2}QW^{4}Y^{5}jγτ** || § 29 *fuisse* om. **B^{6}G^{1}KPP^{2}W^{4}Y^{5}jγτ** || § 30 *istis* om. **B^{6}G^{1}PP^{2}W^{4}Y^{5}γτ** || § 68 *bonis* post *omnibus* **B^{6}G^{1}HLKPP^{2}V^{2}W^{4}Y^{5}jkpsαγε** (familia II). III: § 4 *illi* om. **Kj** (**O^{7}V^1**) || § 49 *ipsis* om. **Kj** (**D^{5}O^8**) || § 82 *nimium-*

que **Kj** (*meque, nimioque, nimio* vel sim. cett.). IV: § 3 *mihi* post *sumo* **R**^{7}**j** τ | *iudices atque arrogo* **R**^{7} τ | *constituta* **R**^{7} τ (*custodita* vel al. cett.) || § 27 *testimoniumque* **R**^{7} τ (**A**^{1}) (*testimonioque* cett.) || § 30 *pro mandatis* **R**^{7} τ (*praemandatis* cett.) || § 68 *ut* **R**^{7} τ (*et* cett.)

Classis IXd: § 2 *iudices et* **R**^{2} ε π (*iudices* cett.) | *hoc* ante *enim* **R**^{2} ε π | *ne meo* **R**^{2}**Y**^{5}**s** γ ε (**w**^{5} δ) *ne meo cn.* **L** *ne gneo* **P**^{2}**k** (**B**^{5}**O**^{5}**W**^{3}**a**) (*ne gn.* cett.) || § 3 *fidem et* **R**^{2} π (*fidem* cett.) | *salutem* om. **R**^{2}**s** ε || § 27 *putem* **R**^{2} ε π (**Y**^{1}) (*putent* cett.) || § 28 *putent* **LR**^{2}**s** (*putant* cett.) || § 29 *hic* **Ls** ε (*haec* cett.) || § 30 *gnoscere* **R**^{2} ε *cognoscere* τ (**D**^{5}) *agrescere* **p** (*agnoscere* cett.) | *in* om. **R**^{2} ε (**V**^{6}) | *atrue* **R**^{2} ε (**O**^{3}**P**^{3} **w**^{4} β) *atruo* **s** (*attinae* vel sim. cett.) || § 32 *summum* om. **R**^{2} ε π | *reprensum* **Ls** ε π (*reprehensum* cett.) || § 37 *tribus* **R**^{2} ε (**A**^{1} π^7 ϱ) *tribuni* **Qe** (**R**^{5}) | *putant* **LR**^{2}**V**^{2}**k** ε (**D**^{3}**R**^{6}**n** δ π^3) (*putauit* cett.) || § 38 *praesertim* **HLR**^{2}**V**^{2}**jkps** ε (**D**^{3}**G**^{2}**R**^{6} **h** δ π^{7mg}) (*profecto* cett., *praesertim* post *seuerissimorum* om.) || § 49 *fuerit* ante *sit* add. **Ls** | *comitiis* **LR**^{2}**s** (**A**^{5}) (*comitia* cett.) | *a toto* **LR**^{2}**s** *a tota* ε (*tota* cett.) || § 61 *qui* **R**^{2} ε *quia* π (**U**) (*quod* cett.) || § 78 *pro me* post *gratias* **L** ε π *gratias pro me gratias* **R**^{7}**ps** | *modo* om. **Ls** ε || § 93 *iudicibus iudiciis* **Ls** (**V**^{6}) (*iudiciis* cett.) || § 102 *aliquid* **Ls** ε (*aliud* cett.)

Quod iis conspectibus colligitur? quod ad familiam I sive Germanam spectat conferamus in pauca:

(1) longissime a reliquis testibus disiuncta videtur;
(2) huius familiae progenies saeculo XV quasi omnino ignota;
(3) textum integriorem quam ceteri testes praebet;
(4) corruptelae quae ex veteri genere scribendi explicantur exemplar maiusculis litteris scripturaque continua exaratum indicant satisque codicibus ad nostram aetatem asservatis propinquum.

Ex his plane apparet familiam I maximi ponderis ad textum constituendum esse. porro quod ad familiam II pertinet breviter contraham:

(1) codices huic familiae tributi non nimis arte inter se cohaerent;
(2) lectiones haud paucas corruptas praebent;
(3) collocatio verborum saepe mutatur;
(4) exemplar ex quo codices huius classis originem ducunt non ante saeculum XIV ineuntem exaratum videtur.

Ex III familiae lectionibus confici potest quod sequitur:

(1) codices textum satis corruptum mendosumque praebent;
(2) in diversas classes discedunt.

IV familiae exemplar saeculo XIV perscriptum videtur; codices arte inter se cohaerent, nonnulli vero aperte contaminati sunt.

Magna pars codicum, quos familiae V tribui, saeculo XIV exarata est; ex exemplari quodam litteris minusculis perscripto plurimaque compendia adhibente manare videntur. nonnulli libri sine dubio contaminati sunt et cum familia II IVque hic illic consentiunt.

Familia VI originem a saeculo XIV vel XV ducit. collocatio verborum persaepe variatur, codices emendationibus scribarum abundant. huius familiae utilitas in textu constituendo pretio editionis principis comparari potest.

Familia VII manifesto cum III contaminata est, proprias vero lectiones aut corruptas aut minoris momenti exhibet.

Familia VIII recentioribus deterioribusque constat testibus qui arte inter se cohaerent. lectiones quae his codicibus servantur nusquam in nostro apparatu critico invenies.

In quattuor vero genera dividitur familia IX cuius nonnulli testes sunt saeculo XIV exarati, pretii autem re vera inaequalis.

Qua ratione familiae novem supra enumeratae ex archetypo manarent, qualis autem esset familiarum cognatio, hoc stemmate delineare vel potius adumbrare conata sum. propter manifestam nonnullorum librorum contaminationem stemma nostrum pro indicatione tantum et non pro redditione imagineque relationum fideli habendum est. (vide p. XX.)

Restat ut singulos codices quos in apparatum criticum recepi accuratius considerem.

Codex Latinus Monacensis 18787 olim monasterio Tegernseensi asservatus **T** (unde *Tegernseensis* vocatus), membranaceus, saeculo XI exaratus est. Planciana, cui Sullana antecedit, foliis 133^r-146^r legitur, Caeciniana sequitur. de lectionibus ex hoc codice a G. C. Harless excerptis C. Garatoni disputavit.[1]) de codicis fatis in secunda Ioannis C. Orelli editione[2]) legimus: ,,Codex Tegernseensis . . . nuper ex Hungaria, ut fertur, cum aliis codicibus Parisios delatus est ad bibliopolam E. Trossium, a quo eum mense Decembri a. 1853 redemit Baiterus."

Codex Berolinensis Latinus fol. 252, membranaceus, saeculo XII exaratus **E** est.[3]) Planciana post Sullanam foliis 144^v-153^r legitur, Miloniana sequitur. hic codex olim in monasterio S. Viti Corbeiensi Guestfalorum, postea Erfurti (unde *Erfurtensis*), denique Berolini asservatus, tempore belli universi, quod secundum vocatur, Tubingam evectus, anno 1945 Berolinum restitutus est et hodie in Staatsbibliothek Preußischer Kulturbesitz asservatur, quamquam ad collectionem Bibliothecae Nationalis Germanicae (Berlin/DDR) pertinet.

Codex Florentinus Laurentianus S. Crucis 23 sin. 3, pergamenaceus, **F** saeculo XIV exaratus est[4].) Planciana post Milonianam foliis 95^r-103^v legitur, sequitur Sullana.

---

1) Ad M. Tullii Ciceronis orationem pro Cn. Plancio ex optimo codice Bavarico curae secundae, Bononiae 1815.

2) Turici 1856, t. 2/2, 753.

3) Cf. E. Wunder, Variae lectiones librorum aliquot M. T. Ciceronis ex codice Erfurtensi enotatae, Lipsiae 1827; A. C. Clark, M. T. Ciceronis Orationes, Oxford 1911, t. 6, IV, XI–XII; The Descent of Manuscripts, Oxford 1918, 9, 266–280, 292.

4) A. C. Clark, M. T. Ciceronis Orationes, Oxford 1911, t. 6, VI–IX; The Descent of Manuscripts, Oxford 1918, 292, 306.

A *Codex Musei Britannici Arundel 236*, chartaceus, saeculo XV exaratus. Planciana post Milonianam foliis 25^r-46^r legitur, Sullana sequitur.

O *Codex Oxoniensis d'Orville 79* (= *Auct. X. I. 3. 20*), membranaceus, saeculo XIV exaratus est. Planciana post Milonianam foliis 27^r-44^r legitur, Sullana sequitur.

P *Codex Vaticanus Palatinus Latinus 1476*, pergamenaceus, saeculo XIV exaratus. Planciana post Milonianam foliis 13^v-22^v legitur, Sullana sequitur.

R *Codex Vaticanus Palatinus Latinus 1477*, membranaceus, saeculo XIV exaratus est. Planciana post Milonianam foliis 22^v-36^v legitur, sequitur Sullana.

S *Codex Parisinus Latinus 14749* (olim *S. Victoris 91*), membranaceus, saeculo XV ineunte exaratus.[1]) Planciana post Caelianam foliis 121^v-137^r legitur, Sullana sequitur.

Praeter libros, quos supra enumeravi, duo pretiosissimi vetustissimique Plancianae fontes exstant quibus excerpta tantum orationis tenuiaque

B fragmenta servantur. *fragmenta*[2]) *Berolinensia P. 13229 A* et *B* in collectione papyrorum asservata sunt et duabus particulis membranaceis exstant: § 27–28 *cum illo . . . omnes semper* et 46–47 *-um laterensis et ipsum . . .* [*amb*]*itus caus-*. scriptura continua ('unciali'), saeculo, ut videtur, quinto codex exaratus est. lectiones omnes quae hoc codice continentur religiose in apparatum criticum recepi sed antiquitatis potius quam pretii causa. si aetatem codicis genusque scribendi ignorarem, aestimationemque lectionum solam in mente haberem, membranam in deterioribus recentioribusque libris nulla interposita dubitatione numerarem. ex huius codicis natura efficitur, ut Plancianae contextus temporibus iam satis antiquis multis corruptelis laboraret.

schol. Bob. A saeculo IV vel V commentarii in quattuor orationes Tullianas, in quibus est etiam Planciana, originem ducunt. complures loci[3]) orationis nostrae, de quibus scholiasta disputaverat, duabus partibus palimpsesti servati sunt, *Ambrosiana Vaticanaque* quae olim ad unum atque eundem codicem in monasterio Bobiensi asservatum pertinuerant. in apparatu critico secundum Thomae Stangl editionem scholia Bobiensia citantur.[4])

Apparatum criticum ita constitui ut codicum qui maximi ponderis ad textum constituendum viderentur omnes lectiones reciperem, scilicet

---

1) A. C. Clark, The Descent of Manuscripts, Oxford 1918, 18–24, 266–275, 281, 284–290, 292–294, 299–309; R. Sabbadini, Storia e critica di testi latini, Padova ^{2}1971 (Medioevo e umanesimo 11), 17.

2) Ed. S. de Ricci, Mélanges Chatelain, Paris 1910, 442–447.

3) §§ 19, 20, 21, 22, 23, 24, 25, 26, 27, 28, 31, 33, 35, 36, 40, 41, 50, 51, 52, 55, 56, 58, 63, 64, 66, 67, 68, 72, 74, 75, 76, 77, 78, 83, 84, 85, 86, 87, 89, 99, 101, 102.

4) Ciceronis Orationum Scholiastae recensuit Thomas Stangl, Wien 1912 (Hildesheim 1964).

Monacensis duorum *Berolinensium Florentini*. quod ad reliquos testes pertinet lectiones singulares minutiasque exclusi nisi eis locis quibus tres minimum libri discrepant. si quidem, ut hic illic evenit, singulus codex (praeter illos quattuor supra numeratos) in apparatu laudatur, lectio prolata non hoc singulo codice tradita est sed familia tota ad quam hic pertinet.

Historiam textus typis expressi dum investigarem ducentas quindecim haud minus editiones inveni, quarum magna pars repetitis editionibus exstat. ex hac turba praeter vetustissimas in apparatum recipere volui nullas nisi quae sui iuris editiones vocari possint. editionum vero conspectus locupletissimus praefationem sequitur. quod ad emendationes spectat, omnes quas in editionibus disputationibusque repperi in apparatu citantur. coniecturas quae in codicibus reperiuntur et a viris doctis sine fontis indicatione adhibitae essent diligenter investigavi; quotienscumque codicem ex quo lectio quaedam excerpta esset enucleavi, huius siglum in apparatu critico indicavi.

Haec editio orationis Plancianae ab ultima Teubneriana[1]) 40 fere locis differt, a recentissima autem Gallico-Latina Parisiis a. 1976 a Petro Grimal parata locis differt 85. de emendationibus vel meis vel aliorum vel denique in codicibus repertis quae in textum recepi alibi[2]) uberius disputavi, nunc modo breviter suis locis in apparatu critico opinionem meam notavi.

De orationis pro Rabirio Postumo habitae traditione separatim agendum est. quamquam codicibus quinque et septuaginta orationis contextus nobis traditus est, omnes libri recentiores sunt et ex uno atque eodem codice manant a Poggio Bracciolini anno 1417 ad exemplar quoddam vetustissimum deleticiumque exarato. de apographi Poggiani fatis satis superque scriptum esse puto; quamobrem paucis verbis omnia quae maioris momenti videntur contraham: codicem quinque fere saeculis pro deperdito viri docti habebant, anno autem 1950 Bibliotheca Apostolica Vaticana[3]) inter opera edenda nuntiavit: ,,Augusto Campana. Copia autografa delle otto orazioni di Cicerone scoperte da Poggio nel 1417. Codice Vaticano 11458.“ orationem nostram ad codicis Vaticani fidem primus edidit I. C. Giardina[4]) a. 1967. ex catalogo autem efficitur[5]) ut iam C. Garatoni saeculo XVIII exeunte hoc codice usus sit. C. Halm vero

1) A. Klotz, Lipsiae 1919.

2) Pro Cn. Plancio et Pro C. Rabirio Postumo: la transmission des textes, Archiwum Filologiczne.

3) Nel cinquantesimo di studi e testi 1900–1950, Città di Vaticano 1950, 79.

4) M. Tulli Ciceronis pro C. Rabirio Postumo oratio I. C. Giardina recognovit, Romae 1967.

5) J. Ruysschaert, Codices Vaticani Latini, Romae 1959, 59.

de codicibus Ciceronianis disserte disputans[1]) eundem testem ita memoravit: „cod. Romanus Mureti. Chart. saec. XV., 9 orationes Tullianas continens, ex quo collatio orationis pro C. Rabirio Postumo in schedis Garatonianis exstat, de qua Garatonius ipse in praefatione comm. inediti huius orationis ita exposuit: 'uero ex Poggiano illo transcriptus'." ipse autem Halm in apparatu suae editionis codicem adhibuit et siglo G (*codex Alexandri Glorierii, quo usus est Muretus*) distinxit.

Quattuor et septuaginta libros ab apographo Poggiano derivatos adsiduo labore inspexi et quod iam dudum viris doctis constat oculis comperi meoque testimonio comprobare possum, omnes ex codice Poggiano re vera manavisse. de relationibus autem quae inter permulta apographa exstant alio loco agam[2]), ad textum enim constituendum nimirum nullius pretii esse possunt. codicum descriptorum testimoniis ex apparatu expulsis exemplaris lectiones religiose notavi et inter diversas manus quae conspicuae sunt diligenter discernere sum conata. de ratione qua Poggio apographum suum exaravit necnon de eius scribendi corrigendique usu disserere ab huius editionis consilio alienum est. Georgium Axer subtiliter de his quaestionibus disputantem[3]) sequor eiusque instituta recipio. notas quasdam Pomponi Laeti in codice Vaticano Campana invenit[4]) et de indole et natura apographi Poggiani uberius disputare cogitat. ex multis mendis quae ex verbis falso in apographo distinctis orta sunt facile evenit ut codex ille pretiosissimus a Poggio repertus scriptura quasi continua exaratus esset cum non infrequentibus compendiis. quam ob rem codicem non post saeculum IX perscriptum esse puto. accedit conspectus locorum orationis pro Rabirio Postumo habitae quibus ipse Poggio autographo suo cum exemplari collato vitia ex scriptura continua orta correxit:

§ 1 *potest ad* in *potestati* || § 5 *amouet quo* in *a modo id quo* || § 9 *qui* in *quin in* || § 11 *quale* in *qua lege* || § 16 *unaminequestrem* in *unam in equestrem* || § 28 *qui aretie* in *quiaretie* || § 42 *ferenti bulis sentegant* in *fere latibulis se tegant* || § 45 *m en* in *hem* || § 46 *optatim serui uel* in *optat miser ut* | *sciam* in *si iam*.

Quod ad emendationes spectat idem consilium quod in Planciana cepi hic quoque observandum probo. haec editio ab ultima Teubneriana[5]) 50 locis differt, a Romana autem quam nuper I. C. Giardina paravit locis discedit 45.

---

1) C. Halm, Zur Handschriftenkunde der Ciceronischen Schriften, München 1850.

2) Pro Cn. Plancio et Pro C. Rabirio Postumo: la transmission des textes, Archiwum Filologiczne.

3) J. Axer, Mowa w obronie aktora komediowego Roscjusza: studium z krytyki tekstu, Archiwum Filologiczne 34, Warszawa 1976; praef. editionis orationis pro Q. Roscio comoedo, Lipsiae 1976.

4) A. Campana, La copia autografa delle otto orazioni ciceroniane scoperte da Poggio nel 1417, Ciceroniana N. S. 1, 1973, 65–68.

5) A. Klotz, Lipsiae 1919.

In rebus orthographicis omnia fere ad unam normam redegi. differentias orthographicas codicum removi et excludere malui ne copia supervacua nugarum apparatum obrueret. antiquioris autem rationis scribendi vestigia in codicibus reperta perraro in textum recepi: orthographiam Ciceronianam [1]) auctoritate codicum multis saeculis post oratoris aetatem exaratorum restituere non licet. ceterum non oportet parvula permagni existimare: si scripturam antiquam religiose restituendam esse re vera putemus, cur ad maiusculum continuumque genus scribendi constantiae causa non redeamus?

Itaque nihil restat nisi ut omnibus bene de me in hac editione paranda meritis gratias agam et praecipue bibliothecis quae mihi in codicum editionumque veterum investigatione auxilio fuerunt. praeter eas quae in conspectu codicum citantur aliis seorsum gratias agendas esse puto et inprimis Bibliothecae Universitatis Columbiae Britannicae qui me in suis aedibus comiter et benigne accepit cum anno 1978 exeunte in eam provinciam Canadiensem venirem. non prius lectori editionem meam subiciam quam gratias egerim summas amico fideli Michael Spandowski, Bibliothecae Nationalis Varsoviensis librario qui in hoc libello scribendo nullo loco mihi defuit.

Mirificas gratias habere et agere debeo Scholae Princetoniensi studiis sublimioribus destinatae quae hospitium mihi anno proximo praebuit, facilia ex difficillimis redigens, et opusculum meum ad exitum perducere mihi permisit.

Scripsi Princetoniae mense Ianuario a. MCMLXXX

Elżbieta Olechowska

1) Antiqua scriptura QVOM et forma ablativi pluralis -EIS in vetustissimo papyro a. 1978 in Nubia reperto inveniuntur, cf. R. D. Anderson, P. J. Parsons, R. G. M. Nisbet, Elegiacs by Gallus from Qaṣr Ibrîm, Journal of Roman Studies 69, 1979, 125–155.

STEMMA

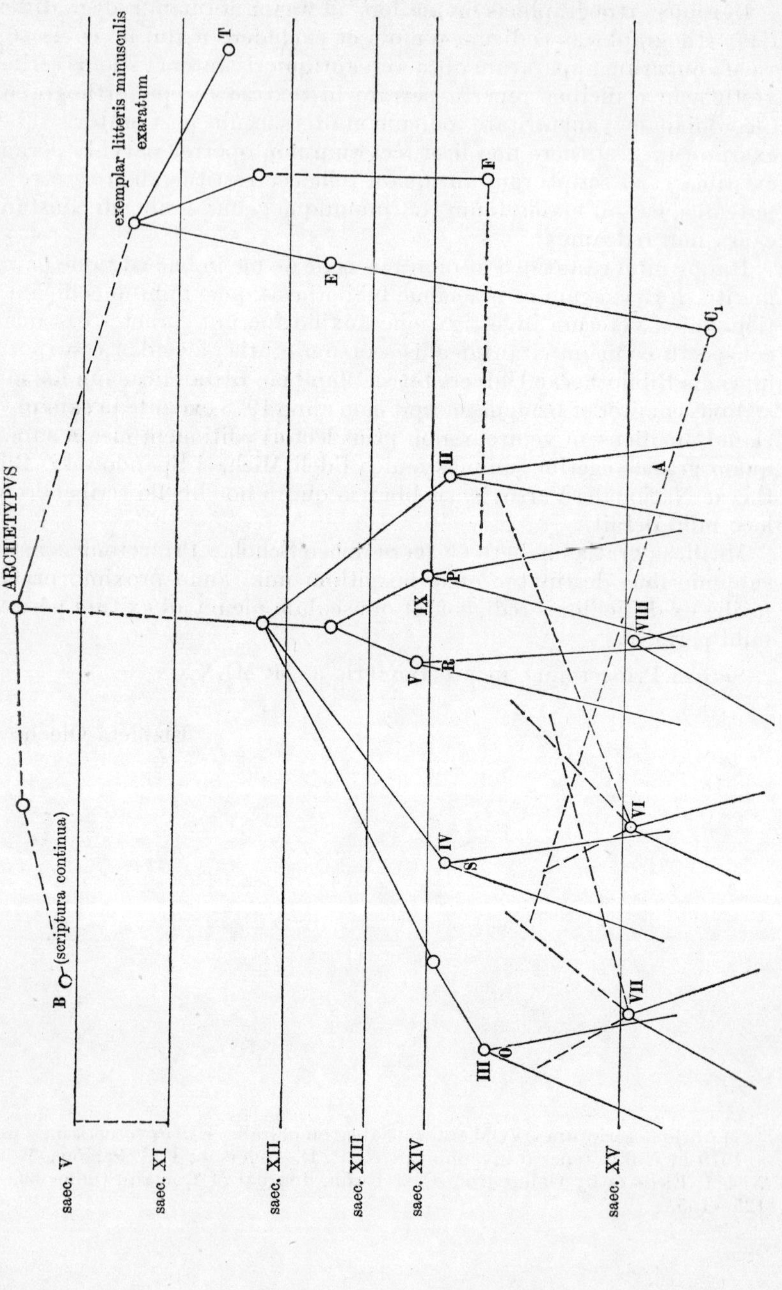
ARCHETYPVS
exemplar litteris minusculis exaratum
B (scriptura continua)
T
F
E
C_1
A
II
P
IX
VIII
V
R
VI
IV
S
VII
III
O
saec. V
saec. XI
saec. XII
saec. XIII
saec. XIV
saec. XV

CONSPECTVS LIBRORVM

EDITIONES

Ioannes Andreas Bussi Aleriensis. Romae: Conradus Sweynheym et Arnoldus Pannartz, 1471
Ludovicus Carbo. Venetiis: Christophorus Valdarfer, 1471
L. Carbo. Venetiis: Adamus de Ambergau, 1472
Venetiis, 1472–1480?
Mediolani: Antonius Zarotto, 1477?
L. Carbo. Venetiis: Nicolaus Girardengus de Novis, 1480
I. A. Bussi Aleriensis. Venetiis: Ioannes de Gregoriis Forliviensis et Iacobus Brixiensis Britannicus socii, 1483
L. Carbo. Venetiis: Philippus Pinzius, 1493
L. Carbo. Venetiis: Bartholomaeus de Zanis, 1495–1496
Alexander Minutiano. Mediolani: fratres Guielmi Le Signerre, 1498–1499
L. Carbo. Venetiis: B. de Zanis, 1499
Philippus Beroaldo. Bononiae: Benedictus Hector Faelli, 1499
Guarino Veronensis. ante a. 1500. (liber Bibliothecae Varmiensis, Uppsala Univ. Bibl. 32:67)
Ph. Beroaldo. Venetiis: Christophorus de Pensis, 1505
Parisiis: S. Vincent, 1507
Parisiis: Josse Bade Ascensius, 1507
Lugduni, 1508
Parisiis: J. Bade Ascensius, 1511
Nicolaus Angeli Bucinensis. Florentiae: Philippus Giunta, 1515
Andreas Novagero (Naugerius). Venetiis: Aldus Manuzio et Andreas Torresano Asulanus, 1519
Florentiae: haeredes Philippi Giunta, 1521
Parisiis: J. Bade Ascensius, 1522
Venetiis: A. Manuzio et A. Torresano Asulanus, 1523
Argentorati: Ioannes Knobloch, 1524
Parisiis: Simo de Colines, 1525
Parisiis: J. Bade Ascensius, 1527
Basileae: Andreas Cratander, 1528
Parisiis: J. Bade Ascensius, 1531
Pro Cn. Plancio, ed. et comm. Franciscus Dubois, d'Amiens (Sylvius). Parisiis: J. Bade Ascensius, 1531
Parisiis: J. Bade Ascensius, 1532
Parisiis: S. de Colines, 1532
Venetiis: haeredes A. Manuzio, 1533
Basileae: Ioannes Hervagius, 1534
A. Novagero, cum notis Petri Vittorio. Venetiis: Lucas Antonius Giunta, 1534–1537
Venetiis: Bernardus Stagnino, 1536
Lugduni: Sebastianus Gryphe, 1536

Pro Cn. Plancio, ed. et comm. F. Dubois et Bartholomaeus Latomus. Parisiis: Ioannes Roigny et Ioannes Lodovicus Tiletanus, 1536
Pro C. Rabirio Postumo. Parisiis: I. L. Tiletanus, 1536
Pro C. Rabirio Postumo. Parisiis: Michael Vascosan, 1537
Lugduni: S. Gryphe, 1539 – 1551
Parisiis: Robertus Estienne, 1538 – 1539
Pro Cn. Plancio, comm. F. Dubois et B. Latomus. Parisiis: M. Vascosan, 1539
Petrus Vittorio, Ioachimus Kamerer Papenbergensis. Lugduni: S. Gryphe, 1540
I. Kamerer Papenbergensis. Basileae: I. Hervagius, 1540
Argentorati: Wendelin Richel, 1540
Paulus Manuzio. Venetiis: Aldi filii, 1540 – 1541
Argentorati: W. Richel, 1543 – 1544
Lugduni: S. Gryphe, 1541
Parisiis: Robertus Estienne, 1543 – 1544
Parisiis: S. de Colines, 1543 – 1544
Lugduni: S. Gryphe, 1546
P. Manuzio. Venetiis: Aldi filii, 1546
Lugduni: S. Gryphe, 1548 – 1555
Venetiis: Aldi filii, 1550
Aemilius Ferret. Lugduni: S. Gryphe, 1550
Lugduni: S. Gryphe, 1551
Lugduni: S. et Antonius Gryphe (Parisiis: Iacobus Dupuis), 1550 – 1587
Basileae: Ioannes Oporinus (= Herbst), 1553
Venetiis: P. Manuzio, 1554
Carolus Estienne. Parisiis: C. Estienne, 1554 – 1555
Comm. Franciscus Hotman. Parisiis: R. Estienne, 1554
Venetiis: Aldi filii, 1559
Ioannes Boulier. Lugduni: A. Vincent, 1560
I. Boulier. Lugduni: Ioannes Frellon, 1560 – 1562
Venetiis: P. Manuzio, 1562
Ioannes Sturm. Argentorati: Iosias Richel, 1563
Venetiis: P. Manuzio, 1565
Dionysius Lambin. Parisiis: Floricus Prévost, I. Dupuis, Bernardus Turrisan, 1565 – 1566
Parisiis: Claudius Micard, 1567
Argentorati: I. Richel, 1568
Venetiis: P. Manuzio, 1569
D. Lambin, P. Manuzio. Venetiis: bibl. Aldina, 1570
Ioannes Michael Bruto. Lugduni: A. Gryphe, 1570
I. Boulier. Lugduni: Bartholomaeus Vincent, 1570
I. M. Bruto. Lugduni: S. Gryphe, 1570 – 1571
D. Lambin. Parisiis: Ioannes Bienné, 1572
D. Lambin. Parisiis: I. Dupuis, 1573
Argentorati: I. Richel, 1574
I. M. Bruto. Lugduni: A. Gryphe, 1576
D. Lambin. Genevae: Petrus Saint-André, 1577
Lugduni: 1577 – 1578
Londini: Thomas Vautroller, 1579
Coloniae Agrippae: haeredes Arnoldi Birkmann, 1579 – 1581
D. Lambin. Genevae: P. Saint-André, 1580
D. Lambin. Argentorati: I. Richel, 1581
Coloniae Agrippae: h. A. Birkmann, 1582
Venetiis: Aldus (Aldi filius) Manuzio, 1583

Ioannes Th. Freigius. Basileae: haeredes Petri Perna, 1583
D. Lambin. Genevae: Ieremias des Planches, 1584
I. M. Bruto. Antverpiae: Christophorus Plantin, 1584
D. Lambin. Lugduni: A. Gryphe, 1585
D. Lambin. Londini: Ioannes Jackson et Edmundus Bollifante, 1585
I. M. Bruto. Venetiis: Dominicus Nicolini, 1585
Lugduni: A. Gryphe, 1586
P. Manuzio. Venetiis: Andreas Muschio, 1586
I. M. Bruto. Londini: Th. Vautroller, I. Harrison, 1587
Cornelius Schrevelius. Basileae: Leo Chouët et Ioannes Antonius Cramer, 1587
D. Lambin, Dionysius Godefroy. Lugduni: Sybilla a Porta, 1588
D. Lambin, Fulvius Orsini, Andreas Schott. Lugduni: Ioannes Pillehotte, 1588
Pro C. Rabirio Postumo, ed. Fridericus Ceruti. Veronae, 1589
Fridericus Sylburg. Francofurti: Andreas Wechel, 1590
Lugduni: A. Gryphe, 1590
I. Th. Freigius. Francofurti, 1592
Ianus Gruytère. Heidelberg, 1592
Parisiis: Le Preux, 1594
D. Godefroy. Lugduni: Lemaire, 1596
Genevae: haeredes Eustachii Vignon, 1596
I. M. Bruto. Londini: Richardus Field, 1596
D. Lambin. Lugduni: Petrus de la Rovière, 1601
I. Th. Freigius. Hanoviae: A. Wechel, 1602–1603
D. Lambin. Genevae: h. E. Vignon, 1606
D. Lambin. Genevae: P. de la Rovière, 1607–1608
Hanoviae: Claudius Marne, 1608
D. Lambin, F. Orsini, A. Schott. Lugduni: I. Pillehotte, 1608–1610
I. Th. Freigius. Hanoviae: A. Wechel, 1614
D. Godefroy. Genevae: P. de la Rovière, 1617
I. Gruytère, cum notis Iani Guilielmi. Hamburgi: G. L. Froben, 1618–1619
A. Schott. Coloniae Agrippae, 1621
D. Lambin. Genevae: Iacobus Stoer, 1624
Francofurti, 1624
Hanoviae: Wechel, 1630
D. Lambin, D. Godefroy. Genevae: Petrus et Iacobus Chouët, 1633
Genevae, 1634.
Lugduni Batavorum: Elzevir, 1642
Genevae: P. et I. Chouët, 1646
I. Th. Freigius, Francofurti, 1653–1654
Amstelaedami: Ioannes Blaeu, 1656–1659
Ioannes Georgius Greffe. Ultraiecti, 1660
Genevae: Samuel Chouët, 1660
C. Schrevelius, I. Gruytère. Amstelaedami: Ludovicus et Daniel Elzevir (Lugduni Batavorum: F. Hacke), 1661
I. G. Greffe. Amstelaedami: Jansson-Weisberg, P. Elzevir, 1677–1699
D. Lambin. Lugduni, 1679–1696
I. Guilielmus, I. Gruytère. Londini: I. Dunmore, 1680–1681
P. Carolus de Merouville. Parisiis: Thierry et Benard, 1684
C. Schrevelius. Basileae: L. Chouët et I. A. Cramer, 1687
Iacobus Gronov, I. Guilielmus, I. Gruytère. Lugduni Batavorum: Petrus van der Aa, 1692
I. G. Greffe. Amstelaedami: P. et I. Blaeu, 1695–1699
I. G. Arnold. Francofurti, 1698

Isaacus Verburg. Amstelaedami: R. G. Wetsten, 1724
P. C. de Merouville. Venetiis, 1724
Marcus Antonius Ferracci. Patavii: Ioannes Manfré, 1729
Ioannes Augustus Ernesti. Lipsiae: I. C. Martin, 1737–1739
Iosephus d'Olivet (= Pierre Joseph Thoulier). Parisiis: Ioannes-Baptista Coignard Hippolytus L. Guérin, I. Desaint et I. Guérin, 1740–1742
I. d'Olivet. Genevae: Cramer et Philibert, 1743–1746
I. d'Olivet. Amstelaedami: I. Wetsten, 1745–1747
I. d'Olivet et Z. Pearce. Glasguae: Robertus et Andreas Foulis, 1748–1749
I. d'Olivet, Iacobus Facciolati. Patavii: I. Manfré, 1753
Patavii, 1755
I. A. Ernesti. Halis Saxonum: Orphanotropheum, 1756–1757
I. d'Olivet. Genevae: fratres Cramer, 1758
s. l.: Augustus Vindel, 1762
I. N. Lallemand. Parisiis: Saillant, Desaint, Barbou, 1768
I. A. Ernesti. Halis Saxonum: Orphanotropheum, 1774–1777
Casparus Garatoni. Neapoli: Iosephus M. Porcelli, 1777–1788
F. Ch. Exter. Bipontii: societas Bipontina, 1780–1787
Oxonii: Clarendon, 1783
Manhemii, 1783–1787
I. d'Olivet. Patavii (Venetiis): I. Bettinelli, 1787
Venetiis, 1790
M. A. Ferracci. Patavii: Th. Bettinelli, 1794
I. d'Olivet. Madriti: P.-I. Pereyra, 1797
Beniaminus Weiske. (Orationes selectae: i. a. Pro Cn. Plancio). Lipsiae: Schwicker, 1806
Manhemii: Löffler, 1808
I. A. Ernesti. Oxonii: Collingwood, 1810
Christianus Gothofredus Schuetz. Lipsiae, 1814–1823
I. A. Ernesti. Bostoniae: Wells & Lilly, 1815
Halis Saxonum: Orphanotropheum, 1815
Pro C. Rabirio Postumo. Parisiis: Augustus Delalain, 1816
Parisiis: F.-I. Fournier, 1816–1818
Pro Cn. Plancio. Tolosae: Bellegariguae, 1817
I. A. Ernesti. Bostoniae, 1818
Venetiis, 1819
I. A. Ernesti. Londini: R. Priestley, 1819
I. Carey. Londini: Rodwell, 1820
I. A. Ernesti. Londini: R. Priestley, 1820
Iosephus Victorius Leclerc. Parisiis: Lefèvre, 1821
I.-A. Amar, I. V. Leclerc. Parisiis: Lefèvre, 1823–1825
C. G. Schuetz. Augustae Taurinorum: Pomba, 1823–1828
Pro C. Rabirio Postumo, Ath. Auger, E.-P. Allais. Parisiis: A. Delalain 1825
Pro Cn. Plancio, ed. Ioannes Casparus Orelli, comm. C. Garatoni. Lipsiae: G. Fleischer, 1825
I. C. Orelli. Turici: Orelli, Fuessli, 1826
Carolus Fridericus Augustus Nobbe. Lipsiae: Tauchnitz, 1827–1828
Parisiis: Nicolaus Eligius Lemaire, 1827–1832
Gregorius G. Wernsdorf (Orationes selectae: i. a. Pro Cn. Plancio). Ienae: Fromann, 1828
Pro Cn. Plancio, M. Kornmann. Parisiis: A. Delalain, 1829
I. A. Ernesti. Londini: A. I. Valpy, 1830
Pro Cn. Plancio, ed. Eduardus Wunder. Lipsiae: C. H. F. Hartmann, 1830
I. C. Orelli, Ioannes Georgius Baiter, Carolus Felix Halm. Turici: Orelli, Fuessli, 1833–1861

I. C. Orelli, I. G. Baiter, C. F. Halm. Turici: Orelli, Fuessli, 1845–1862
C. F. A. Nobbe. Lipsiae: Tauchnitz, 1849
Reinholdus Klotz. Lipsiae: B. G. Teubner, 1853
George Long (comm.). Londini, 1858–1862
R. Klotz. Lipsiae: B. G. Teubner, 1859–1875
I. G. Baiter, Ludovicus Kayser. Lipsiae: Tauchnitz, 1860–1869
Pro Cn. Plancio, ed. Ernestus Koepke. Lipsiae, 1873
Pro Cn. Plancio, ed. E. Koepke. Berlin: H. R. Mecklenburg, 1878
Alfredus Eberhard et Wilhelmus Hirschfelder (Orationes selectae: i. a. Pro Cn. Plancio). Lipsiae: B. G. Teubner, 1879
Pro Cn. Plancio, ed. Hubert Ashton Holden. Cantabrigiae: typ. Universitatis, 1881. 2a ed. 1883, 3a ed. 1891
Pro Cn. Plancio, ed. E. Koepke, Gustavus Landgraf. Lipsiae: 1887
Pro Cn. Plancio, ed. Ioannes Baptista Bonino. Augustae Taurinorum: E. Loescher, 1887
Pro Cn. Plancio, ed. R. C. B. Kerin, Arthur Hadrian Allcroft. Londini: W. B. Clive, 1891
Pro Cn. Plancio, ed. F. Vandesype. Bruxellae: Société belge de librairie, 1893
Pro Cn. Plancio, ed. H. W. Auden. Londini: McMillan, 1897
Carolus Fridericus Wilhelmus Mueller. Lipsiae: B. G. Teubner, 1898
Pro Cn. Plancio, ed. Hermannus Nohl. Lipsiae: Freytag, 1902
Pro Cn. Plancio, ed. Leopoldus Reinhardt. Gothae: F. A. Perthes, 1902
R. Marchesi, F. Ramonino (Orationes selectae: i. a. Pro Cn. Plancio). Prato: Alberghetti, 1907
Pro Cn. Plancio, ed. Conradus Rossberg. Monasterii, 1908
Albertus Curtis Clark. Oxonii: Clarendon, 1909, 1911
Alfredus Klotz. Lipsiae: B. G. Teubner, 1919
N. H. Watts. Londini: Heinemann, 1931
Pro Cn. Plancio, comm. G. Patriarca. Mediolani: Signorelli, 1935
Pro C. Rabirio Postumo, ed. Andreas Boulanger. Parisiis: Les Belles Lettres, 1949
V. O. Gorenštein, M. E. Grabar'-Passek. Moscoviae: Akademia nauk, 1962
Pro C. Rabirio Postumo, ed. Ioannes Carolus Giardina. Romae: Mondadori, 1967
Pro Cn. Plancio, ed. Petrus Grimal. Parisiis: Les Belles Lettres, 1976

DISPVTATIONES AD QVAESTIONES CRITICAS VEL AD LIBROS MANV SCRIPTOS SPECTANTES

Axer, J., Mowa Cycerona w obronie aktora komediowego Roscjusza: Studium z krytyki tekstu, Wrocław 1976
–, Condemnatio Postumi. A comment on M. T. Cicero's Pro C. Rabirio Postumo 46, Eos 66, 1978, 227–230

Bake, I., Scholica hypomnemata, Leiden 1837–1862
Bergk, Th., Kritische Bemerkungen zu den römischen Tragikern, Philologus 33, 1874, 249–313 (310)
Buecheler, F., Coniectanea critica, Rheinisches Museum 13, 1858, 598–599
Busche, K., Zu Ciceros Reden, Jahrbücher für classische Philologie 153, 1896, 571
–, Censura ed. Clark., Oxford 1911, Wochenschrift für klassische Philologie 13, 1912, 342–349

Campana, A., La copia autografa delle otto orazioni ciceroniane scoperte da Poggio nel 1417, Ciceroniana N. S. 1, 1973, 65–68

Campe, J. C. F., Zu Ciceros Rede für Cn. Plancius, Jahrbücher für classische Philologie 95, 1867, 265–273
Clark, A. C., The vetus Cluniacensis of Poggio, Anecdota Oxoniensia 10, Oxford 1905
–, Inventa Italorum, Anecdota Oxoniensia 11, Oxford 1909
–, The Descent of Manuscripts, Oxford 1918
Cobet, K. G., Verbeteringen op Cicero. Lijst van Emendaties, Mnemosyne 3, 1854, 231, 233
–, Ad Ciceronis Plancianam, Mnemosyne 11, 1862, 199, 203, 313–333

Dobree, P.-P., Adversaria critica, Berolini 1874

Ferracci, M. A., Epistolarum libri sex in quibus omnia fere, quae in orationibus M. Tullii dubia occurrunt polemice illustrantur, Venetiis 1738

Garatoni, G., Ad M. Tullii Ciceronis orationem pro Cn. Plancio ex optimo codice Bavarico curae secundae, Bononiae 1815
Georges, K. E., Kritische Bemerkungen, Philologus 32, 1873, 540
Grimal, P., Les tentations de la critique (*Pro Plancio 96*), Revue de Philologie 45, 1971, 27–32

Halm, K. F., Zur Handschriftenkunde der Ciceronischen Schriften, München 1850
–, Über Cicero's Rede *pro C. Rabirio Postumo*: Eine kritische Abhandlung, Abhandlungen der K. Bayr. Akad. der Wissenschaften 1. Cl. 7. Bd. 3. Abth., 1855, 621–664
Hardy, E. G., Cicero, *Pro Rab. Post. 7, 17*, Classical Review 33, 1919, 66–67
Havet, L., Manuel de critique verbale appliquée aux textes latins, Paris 1911 (Roma 1967)
Huldrich, F. S., De locis quibusdam ex oratione pro Cn. Plancio, Turici 1788

Jeep, J., Zu Ciceros Reden, Jahrbücher für classische Philologie 75, 1857, 301–302

Karsten, H. Th., Spicilegium criticum, Lugduni Batavorum 1881, 16–25
Kayser, L., Censura K. F. Halm, Über Ciceros Rede *pro C. Rabirio Postumo*, Jahrbücher für classische Philologie 71, 1855, 647–654
Keil, H., Observationes criticae in Ciceronis orationem pro Plancio, Erlangen 1864
Kiehl, E. J., Verbeteringen op Cicero . . ., Mnemosyne 3, 1854, 231
Klotz, R., Zu Ciceros Rede *pro Cn. Plancio*, Jahrbücher für classische Philologie 91, 1865, 803–804
Klussmann, R., Tulliana, Progr. des Gymn. Gera 1877, 16
Koch, H. A., Bemerkungen zu Cicero's Reden, Rheinisches Museum 13, 1858, 285
–, Coniectanea Tulliana, Pforta 1868
Kraffert, H., Beiträge zur Kritik und Erklärung lateinischer Autoren, Aurich 1883, 119–121
Kumaniecki, K. F., De numeris Tullianis et arte critica factitanda observationes aliquot, Ciceroniana N. S. 1, 1973, 69–82

Lehmann, C. A., Quaestiones Tullianae, Hermes 14, 1879, 217, 452–454
Luterbacher, F., Ciceros Reden, Jahresberichte des philologischen Vereins zu Berlin 13, 1887, 218–243

Madvig, J. N., Epistola critica ad Orellium, Hauniae 1828
–, Opuscula academica ab ipso collecta, emendata, aucta, Hauniae 1834, t. 1, 383–384
–, Epistola critica, Abhandlungen der K. Bayr. Akad. der Wissenschaften 1. Cl. 7. Bd. 3. Abth., 1855, 664–672
–, Addenda et corrigenda, 2a ed. Orelli, Baiter, Halm, Turici 1856, t. 2/2, 1454–1459 *passim*

Madvig, J. N. Adversaria critica ad scriptores Latinos, Hauniae 1873, 230–232
–, Adversaria critica III, Hauniae 1884, 148–153
Michel, A., Censura ed. G. C. Giardina, Roma 1967, Revue des Etudes Latines 46, 1968, 466
Müller, P. R., Zu Cicero's Reden und Briefen, Philologus 9, 1854, 187
Müller, O., Miscellen, Hermes 10, 1875, 118
–, Zu römischen Autoren, Hermes 12, 1877, 301

Nettleship, H., Coniectanea, Journal of Philology 29, 1886, 21–23
Nidecki, A. P. (Andreas Patricius), Notae in duas M. Tullii Ciceronis orationes, Cracoviae 1582
Nisbet, R. G. M., Censura ed. G. C. Giardina, Roma 1967, Classical Review 21, 1971, 133

Pareus, I. Ph., Lexicon criticum, Norimbergae 1645
Pluygers, W. G., Lectiones Tullianae, Mnemosyne 10, 1861, 111–112
Prinz, K., Zu Ciceros Rede *pro C. Rabirio Postumo*, Wiener Studien 21, 1899, 119–127

Rau, S. J. E., Variarum lectionum liber ad Ciceronis orationes pertinens, Lugduni Batavorum 1834
Reinhardt, L., Bemerkungen zu Ciceros Rede für Plancius, Wohlau 1903
Ricci S. de, Un fragment en onciale du *Pro Plancio* de Cicéron, Mélanges Chatelain, Paris 1910, 442–447
Roth, K. L., Miscellen. Litterarhistorisches, Rheinisches Museum 8, 1853, 615
Ruhnken, D., Verbeteringen op Cicero . . ., Mnemosyne 3, 1854, 231

Schneider, R., Commentarii critici, Progr. des Gymn. Norden 1878, 16
Schroeder, A., De interpolationibus in duabus Ciceronis orationibus pro Sestio et pro Plancio habitis, Diss. Bonn 1865
Sydow, R., Kritische Beiträge zu Ciceros Reden, Rheinisches Museum 91, 1942, 360–361; 92, 1944, 188, 281

Ten Brink, B., Loci quidam corruptiores in M. Tullii Ciceronis oratione pro C. Rabirio Postumo coniectura emendati, Philologus 11, 1856, 92–100
–, Lectiones quaedam in Ciceronis oratione pro C. Rabirio Postumo, Mnemosyne N. S. 11, 1874, 80–88
Thielmann, Ph., *Usque* mit Konjunktionen und Adverbien: *usque ex, ab, de*, Archiv für lateinische Lexikographie und Grammatik 6, 1899, 59–84 (66)
Thormeyer, W., De Valerio Maximo et Cicerone quaestiones criticae, Diss. Gottingae 1902, 51

Vahlen, J., Opuscula academica II, Leipzig 1908, 310–330

Weidner, A., Adversaria Tulliana, Progr. des Gymn. Dortmund 1885, 3–14
Wesenberg, A. S., Emendationes M. Tullii Ciceronis epistolarum, Diss. inaug. Hauniae 1840
Wex, K., Zu Ciceros Rede *Pro Cn. Plancio*, Jahrbücher für classische Philologie 91, 1865, 268
Wunder, E., Variae lectiones librorum aliquot M. Tullii Ciceronis ex codice Erfurtensi enotatae, Leipzig 1827
–, Über einige Stellen in Ciceros Reden, Rheinisches Museum 3, 1829, 272–291

Zielinski, T., Das Clauselgesetz in Cicero's Reden. Grundzüge einer oratorischen Rhythmik, Leipzig 1904

DISPVTATIONES SELECTAE

Accame, S., La legislazione romana intorno ai collegi nel I sec. a. C., Bulletino del Museo dell'Imp. Rom. 13, 1942, 32–38

Andrewes, M., The function of tense variation in the subjunctive mood of *oratio obliqua*, Classical Review N. S. 1, 1951, 142–146

Barendt, P. O., Ciceronian use of *nam* and *enim*, Classical Review 16, 1902, 203–209

Bayard, L., La clausule cicéronienne, Revue de Philologie 58, 1932, 37–55

Bienkowski, T., De Ciceronis prooemiis, Meander 14, 1959, 283–290

Brignoli, F. M., Studi Ciceroniani, Napoli 1957

Bruno, P., Verba vel novitate vel coniunctione facta apud Ciceronem, Latinitas 2, 1954, 274–282

Canter, H., Irony in the orations of Cicero, American Journal of Philology 57, 1936, 457–464

Clarke, M. L., Ciceronian oratory, Greece & Rome 14, 1945, 72–81

Cohn, M., Zum römischen Vereinsrecht, Berlin 1873, 58–70

Coli, U., Collegia et sodalitates, Scritti di diritto romano, Milano 1973, t. 1, 1–61

Davies, J. C., Phrasal abundantia in Cicero's speeches, Classical Quarterly 18, 1968, 142–149

De Robertis, F. M., Il diritto associativo romano, Bari 1938, 110–124

Dessau, H., Caius Rabirius Postumus, Hermes 46, 1911, 613–620; 47, 1912, 320

Fayer, C., Testimonianze di tribù Romane nelle leggende delle monete, nei papiri e nelle fonti letterarie, Studi Urbinati 36, 1962, 185–206

Forni, G., Menzioni di tribù romane in contesti poetici, Contributi di storia antica in onore di Albino Garzetti, Genova 1976, 203–212

Freneaux, R., Remarques sur *quidam* en rapport avec un nom propre dans les discours de Cicéron, Caesarodunum 4, 1969, 171–180

Frank, T., Tulliana, American Journal of Philology 41, 1920, 278–280

Greenidge, A. H. J., The legal procedure of Cicero's time, London 1901 (New York 1971)

Grimal, P., Etudes de chronologie cicéronienne (années 58 et 57 av. J.-C.), Paris 1967

–, La lex Licinia de sodaliciis, Ciceroniana: Hommages à K. Kumaniecki, Leyde 1975, 107–115

Gruen, E., The last generation of the Roman Republic, Berkeley 1974

Guiraud, P., Histoire d'un financier romain, Revue de Paris 1903, 355–378

Holst, H., Die Wortspiele in Ciceros Reden, Symbolae Osloenses 1, 1925

Kroll, W., Ciceros Rede für Plancius, Rheinisches Museum 86, 1937, 127–139

Kubitschek, W., De tribuum origine ac propagatione, Wien 1882

Kumaniecki, K. F., Cicerone e la crisi della Repubblica Romana, Roma 1972

–, Historia literatury rzymskiej: Okres cyceroński, Warszawa 1977

Laughton, E., The participle in Cicero, Oxford 1964

Laurand, L., Les fins d'hexamètre dans les discours de Cicéron, Revue de Philologie 35, 1911, 75–88

–, Etude sur le style des discours de Cicéron, Paris [4]1940, 231–416

Lebreton, J., Etudes sur la langue et la grammaire de Cicéron, Paris 1901

Leon, H. J., The technique of emotional appeal in Cicero's judicial speeches, Classical Weekly 29, 1935, 33–37

Linderski, J., Ciceros Rede *pro Caelio* und die Ambitus- und Vereinsgesetzgebung der ausgehenden Republik, Hermes 89, 1961, 106–119

Linderski, J., Państwo a kolegia: Ze studiów nad historią rzymskich stowarzyszeń u schyłku republiki, Kraków 1961
–, Two speeches of Q. Hortensius: A contribution to the *Corpus oratorum* of the Roman republic, La Parola del Passato 16, 1961, 304–311
–, Rzymskie zgromadzenia wyborcze od Sulli do Cezara, Wrocław 1966
–, Three trials in 54 B. C.: Sufenas, Cato, Procilius and Cicero *ad Atticum*, 4. 15. 4, Studi in onore di Edoardo Volterra, Roma 1971, t. 2, 281–302
Lintott, A. W., Cicero and Milo, Journal of Roman Studies 64, 1974, 62–78

Menk, E. A., The position of the possessive pronoun in Cicero's orations, Grands Forks, North Dakota 1925
Merguet, H., Lexikon zu den Reden des Cicero mit Angabe sämtlicher Stellen, Jena 1877–1884
Mitchell, S., The Plancii in Asia Minor, Journal of Roman Studies 64, 1974, 27–39
Mommsen, Th., De collegiis et sodaliciis, Kiliae 1843, 40–73
–, Römisches Strafrecht, Leipzig 1899
Müller, R. W., Rhetorische und syntaktische Interpunktion: Untersuchungen zur Pausenbezeichnung im antiken Latein, Diss. Tübingen 1964

Nagnajewicz, M., De decoro et ornatu in arte dicendi, Meander 20, 1965, 95–103
Nicolet, C., L'ordre equestre à l'époque républicaine (312–43 av. J.-C.), Paris 1966–1974
–, Les *finitores ex equestri loco* de la loi Servilia de 63 av. J.-C., Latomus 29, 1970, 72–103
Nutting, H. C., Notes on Cicero's use of the imperfect and pluperfect subjunctive in *si*-clauses, American Journal of Philology 21, 1900, 260–273

Platner, S. B., Ashby, Th., A topographical dictionary of ancient Rome, Oxford 1929 (Roma 1965)
Primmer, A., Cicero numerosus. Studien zum antiken Prosarhythmus, Österreichische Akademie der Wissenschaften, Phil.-Hist. Kl., Bd. 257, Wien 1968

Schmidt, J., Das rhythmische Element in Ciceros Reden, Wiener Studien 15, 1893, 209–247
Shipley, F. W., Preferred and avoided combinations of the enclitic *que* in Cicero, considered in relation to questions of accent and prose rhythm, Classical Philology 8, 1913, 23–47
Sumner, G. V., The *lex annalis* under Caesar, Phoenix 25, 1971, 249
–, The orators in Cicero's Brutus: prosopography and chronology, Toronto 1973
Sydenham, E. A., Roman republican coinage, London 1952
Syme, R., The stemma of the Sentii Saturnini, Historia 13, 1964, 156–164

Taylor, L. R., Party politics in the age of Caesar, Sather classical lectures 22, Berkeley 1949
–, The voting districts of the Roman Republic: The thirty five urban and rural tribes, Papers and monographs of the American Academy in Rome 20, Rome 1960
–, Magistrates of 55 B. C. in Cicero's *Pro Plancio* and *Catullus 52*, Studi in onore di Enrica Malcovati, Athenaeum N. S. 42, 1964, 12–28
–, Roman voting assemblies from the Hannibalic war to the dictatorship of Caesar, Ann Arbor 1966

Wiesthaler, F., Die *oratio obliqua* als künstlerisches Stilmittel in den Reden Ciceros, Commentationes Aenipontanae 12, Innsbruck 1956
Wiseman, T. P., New men in the Roman senate, Oxford 1971

[illegible]
[illegible] ... Cl. Chem. ... 1960. [illegible]
[illegible] ... Am. J. Physiol. 194 (1958) [illegible]
[illegible] ... Spectrochim. Acta [illegible]
[illegible]
[illegible]
[illegible] ... Oxford [illegible]
[illegible]
[illegible]

M. TVLLI CICERONIS
PRO CN. PLANCIO ORATIO

SIGLA CODICVM

B = fragmenta Berolinensia 13229 A et B, saec. V
T = codex Latinus Monacensis 18787 (olim Tegernseensis), saec. XI
E = codex Berolinensis fol. 252 (olim Erfurtensis), saec. XII
F = codex Laurentianus S. Crucis 23 sin. 3, saec. XIV
O = codex Oxoniensis d'Orville 79, saec. XIV
P = codex Vaticanus Palatinus Latinus 1476, saec. XIV
R = codex Vaticanus Palatinus Latinus 1477, saec. XIV
S = codex Parisinus Latinus 14749, saec. XV
A = codex Musei Britannici Arundel 236, saec. XV
Schol. Bob. = scholiasta Bobiensis (Ciceronis Orationum Scholiastae, recensuit Thomas Stangl, 152–169)

COMPENDIA

a. c. (vel^{ac})	= ante correctionem	mg. (vel^{mg})	= in margine
add.	= addidit	om.	= omisit
cett.	= ceteri codices	prob.	= probavit
codd.	= codices omnes	rec.	= recepit
corr.	= correxit	ref.	= refutavit
cp. (vel^{cp})	= compendium	rest.	= restituit
def.	= defendit	secl.	= seclusit
del.	= delevit	susp.	= suspectum
dett.	= deteriores	t.	= textus
dub.	= dubitanter	transp.	= transposuit
edd.	= editores	vett.	= veteres
exp.	= expunxit		

ARGVMENTVM SCHOLIASTAE BOBIENSIS

... ⟨Ap⟩pio Claudio cos. etiam pro hoc Cn. Plancio dixit: qui reus de sodaliciis petitus est lege Licinia, quam M. Licinius Crassus, Cn. Pompei Magni collega, in consulatu suo pertulit, ut severissime quaereretur in eos candidatos qui sibi conciliassent ⟨sodales⟩ ea potissimum de causa, ut per illos pecuniam tribulibus dispertirent ac sibi mutuo eadem suffragationis emptae praesidia communicarent. huic factioni coercendae legis lator Crassus existimavit etiam genus iudicii multo periculosius comparandum, ut aput iudices editicios accusarentur, id est ut pro voluntate accusatoris ederentur tribus, ex quibus unam tantummodo reicere posset reus, de reliquis autem iudices haberentur utique infestissimi causam dicentibus, utpote quos accusator ad voluntatem suam praelegisset edendo eas potissimum tribus quas reo minus aequas fore arbitraretur. sed enim Cn. Plancio summa et religiosa cum M. Tullio familiaritas erat beneficiis non mediocribus copulata. nam cum P. Clodii, tribuni plebi, inimici sui, lege aqua et igni interdictus urbe cessisset et Macedoniam petisset nullis opem ferentibus qui Clodianam potentiam graviter extimescebant, prolixa benignitate et fide non minore quaestoris Cn. Plancii sustentatus est. illo quippe anno sub L. Apuleio praetore quaestura Plancius in Macedonia fungebatur. dum igitur Thessalonicae fuit, auxilio eius ab omni periculo insidiarum Cicero defensus est. dein postea restitutus inter ceteros et ipsi gratias egit iis orationibus quarum alteram in contione, alteram vero habuit in senatu. causa pendet ex aedilitatis petitione, in qua designatus est Plancius repulsam ferente Iuventio Laterense patriciae familiae, senatore, nec minore facundia quam generis nobilitate praedito. qui nunc etiam reum de sodaliciis facit, invidioso crimine et reis metuendo propter iudices editicios de quorum condicione supra diximus. principaliter quidem coniecturalis defensio est ..., videlicet oratore nitente Plancium non pecuniae largitione, sed integritate morum et rerum gestarum men⟨sura⟩ ...

TESTIMONIVM

Cic. ad Q. fr. 3, 1, 11 orationes efflagitatas pro Scauro et pro Plancio absolvi.

Cum propter egregiam et singularem Cn. Planci, iudices, in mea salute custodienda fidem tam multos et bonos viros eius honori viderem esse fautores, capiebam animo non mediocrem voluptatem, quod, cuius officium mihi saluti fuisset, ei meorum temporum memoriam suffragari videbam. cum autem audirem meos partim inimicos, partim invidos huic accusationi esse fautores, eandemque rem adversariam esse in iudicio Cn. Plancio quae in petitione fuisset adiutrix, dolebam, iudices, et acerbe ferebam, si huius salus ob eam ipsam causam esset infestior, quod is meam salutem atque vitam sua benivolentia praesidio custodiaque texisset. nunc autem vester, iudices, conspectus et consessus iste reficit et recreat mentem meam, cum intueor et contemplor unum quemque vestrum. video enim hoc in numero neminem cui mea salus non cara fuerit, cuius non extet in me summum meritum, cui non sim obstrictus memoria beneficii sempiterna. itaque non extimesco ne Cn. Plancio custodia meae salutis apud eos obsit qui me ipsi maxime salvum videre voluerunt, saepiusque, iudices, mihi venit in mentem, admirandum esse M. Laterensem hominem studiosissimum et dignitatis et salutis meae, reum sibi hunc potissimum delegisse, quam metuendum ne vobis id ille magna ratione fecisse videatur. quamquam mihi non sumo tantum neque adrogo, iudices, ut Cn. Plancium suis erga me meritis impunitatem consecutum putem. nisi eius integerrimam vitam, modestissimos mores, summam fidem continentiam pietatem innocentiam ostendero, nihil de poena recusabo. sin

(Marginal section numbers: 1 / 1 beside line 1; 2 beside line 10; 3 beside line 19.)

1 Cum propter . . . 11 vestrum *susp. habuit Weiske* | cum **AFOPRS** quoniam **E**^{cp}**T** | iudices **AEOPRST** uidelicet **F** || 2 custodienda **AFOPRST** custodiendam **E** || 3 fauctores **T** fauitores *Garatoni et Wunder falso* **T** *attribuerunt et in t. rec.* fauturos *Lambin et al. dett. secuti* || 4 suffragari **AFOPRS** suffragare **ET** || 7 dolebam . . . 9 texisset *Gell. 9, 12, 5 Non. 129* || 8 huius **AEFOPST** hec **R** || 10 iudices **AEOPRST** crudelis **F** | consessus **AEOPRT** consensus **FS** concessus **S**^{2} || 12 hoc in **AEFOPST** in hoc **R** | non *post* salus **AEOPRST** *post* cui **F** *post* cara *Fabricius dett. secutus* || 13 summum **ET** suum **AFOPRS** | obstrictus **AEFPS** obtrictus **T** astrictus **R** || 14 meae **AEFOPRS** me **T** || 15 obsit **AFOPRST** obstet **E** | ipsi **EFT** ipsum **AOPRS** | videre *del. Landgraf 111 post Guilielmum et Ernestium, prob. Holden, sed cf. contra iam Garatoni 1815, 1–2, AKlotz et al.* || 16 iudices **AEOPRST** uidelicet **F** || 17 dignitatis et **ET** dignissimum **FR** diligentissimum **AOPS** | sibi *post* potissimum *Minutiano et al. dett. III familiae secuti* || 18 delegisse *ex* elegisse **T**^{1} | uobis **AEFOPRS** nobis **T** || 19 neque adrogo iudices **ET** iudices neque arrogo **AOPRS** uidelicet neque arrogo **F** || 20 consecutum **EFT** *quod prob. Garatoni 1815, 2* consecuturum **AOPRS** || 21 modestissimos *ex* modestimos **E**^{1} || 22 pietatem] probitatem *prop. Campe 265, rec. Koepke*^{2}*, Landgraf ref.*

omnia praestitero quae sunt a bonis viris expectanda, petam, iudices, a
vobis ut, cuius misericordia salus mea custodita sit, ei vos vestram miseri-
cordiam me deprecante tribuatis. equidem ad reliquos labores, quos in
hac causa maiores suscipio quam in ceteris, etiam hanc molestiam adsu-
mo, quod mihi non solum pro Cn. Plancio dicendum est cuius ego salu-
2 tem non secus ac meam tueri debeo, sed etiam pro me ipso de quo accusa-
4 tores plura paene quam de re reoque dixerunt. quamquam, iudices, si
quid est in me ipso ita reprehensum ut id ab hoc seiunctum sit, non me id
magnopere conturbat; non enim timeo ne, quia perraro grati homines
reperiantur, idcirco, cum me nimium gratum illi esse dicant, id mihi
criminosum esse possit. quae vero ita sunt agitata ab illis ut aut merita
Cn. Planci erga me minora esse dicerent quam a me ipso praedicarentur,
aut si essent summa, negarent ea tamen ita magni ut ego putarem ponde-
ris apud vos esse debere, haec mihi sunt tractanda, iudices, et modice, ne
quid ipse offendam, et tum denique cum respondero criminibus, ne non
tam innocentia reus sua quam recordatione meorum temporum defensus
esse videatur.

5 Sed mihi in causa facili atque explicata perdifficilis, iudices, et lubrica
defensionis ratio proponitur. nam si tantummodo mihi necesse esset con-
tra Laterensem dicere, tamen id ipsum esset in tanto usu nostro tantaque
amicitia molestum. vetus est enim lex illa iustae veraeque amicitiae, quae
mihi cum illo iam diu est, ut idem amici semper velint, neque est ullum
amicitiae certius vinculum quam consensus et societas consiliorum et
voluntatum. mihi autem non id est in hac re molestissimum, contra illum
dicere, sed multo illud magis quod in ea causa contra dicendum est in qua
6 quaedam hominum ipsorum videtur facienda esse contentio. quaerit
enim Laterensis atque hoc uno maxime urget, qua se virtute, qua laude

1 expectanda **EPRT** *quod prob. Garatoni 1815, 2* expetenda **AFOS** | iudices *post* vobis *Fabricius dett. secutus* | uidelicet **F** || 3 me *om.* **T** || 4 maiores **AFOPRS** maioris **ET** | suscipio **AFOPRS** suspicio **ET** || 6 ipso *ex* ipso sed **T**^{1} || 7 iudices **AEOPRST** uidelicet **F** || 7. 8 si quid est **AEOPRST** siquidem **F** || 8 seiunctum **ET** seui actum **F** *om.* **AR** dictum **P** *lac.* **OS** alienum *Minutiano et al. dett. secuti* || 9 conturbat **ET** conturbet **AFOPRS** | ne **EFORS** non **T**^{cp} neque **AP** || 10 reperiantur **AEFOPRS** repperiantur **T** | me *om.* **A** || 12 ipso *bis* **R** || 13 negarent **AEFOST** negaret **PR** | putarem **AEFPRST** puterem **O** || 14 apud vos *om. Minutiano dett. secutus* | iudices **AEOPRST** uidelicet **F** || 15 et tum **ET** cetum **AFOPRS** | criminibus **AFOPRST** omnibus **E** *quod prob. Greffe, sed cf. contra Garatoni et Wunder, Comm. 63* || 16 innocentia **AEFOPRS** ininnocentia **T** || 18 iudices **AEOPRST** uidelicet **F** || 21 est enim **ET** enim est **AFOPRS** | illa *om.* **A** || 23 amicitiae certius **ET** certius amicitiae **AFOPRS** | sociorum *post* societas *add.* **T** *sed* **T**^{1} *del.* || 24 mihi . . . 25 magis *cf. Garatoni 1815, 3–4 et Wunder, Comm. 63* | id est **AEOPRST** idem **F** id *del. Ernesti, sed cf. contra Wunder, Comm. 64* | molestissimum] solum molestum *Novagero et al.* || 24. 25 contra illum dicere *del. Greffe sed frustra* || 25 illud] id *Minutiano et al.*

Plancius, qua dignitate superarit. ita si cedo illius ornamentis quae multa
et magna sunt, non solum huius dignitatis iactura facienda est, sed etiam
largitionis recipienda suspicio [est]. sin hunc illi antepono, contumeliosa
habenda est oratio, et dicendum est id quod ille me flagitat, Laterensem a
Plancio dignitate esse superatum. ita aut amicissimi hominis existimatio
offendenda est, si illam accusationis condicionem sequar, aut optime de
me meriti salus deserenda.

Sed ego, Laterensis, caecum me et praecipitem ferri confitear in causa, 3
si te aut a Plancio aut ab ullo dignitate potuisse superari dixero. itaque
discedam ab ea contentione ad quam tu me vocas, et veniam ad illam ad
quam me causa ipsa deducit. quid tum? an dignitatis iudicem putas esse 7
populum? fortasse nonnumquam est. utinam vero semper esset! sed est
perraro, et siquando est, in iis magistratibus est mandandis, quibus salu-
tem suam committi putat. his levioribus comitiis diligentia et gratia
petitorum honos paritur, non iis ornamentis quae esse in te videmus. nam
quod ad populum pertinet, semper dignitatis iniquus iudex est qui aut
invidet aut favet. quamquam nihil potes in te, Laterensis, constituere
quod sit proprium laudis tuae, quin id tibi sit commune cum Plancio. sed 8
hoc totum agetur alio loco: nunc tantum disputo de iure populi, qui et

2 magna] maxima *Fabricius* | huius] huic *prop. Gronov quod prob. Ernesti, Garatoni, sed cf. contra Lemaire, Wunder* | iactura *ex* natura E^1 *ex* factura F^1 || 3 suspicio *Manuzio quod prob. Wunder, cf.* salus deserenda *infra* 7 *et AKlotz in app.* suspicio est **AEFOPRST** | hunc **AEFPRST** nunc **O** || 4 ⟨a⟩ me flagitat *prop. Dubois, sed cf. contra Wunder, Comm. 64* || 7 meriti **AFOPRS** meritis **ET** | deserenda **ET** deserenda est **AFOPRS** || 8 ferri **EFOPRS** conferri **T** fieri **A** || 9 aut^1 *om.* **T** | ullo **AFOPST** ulla **E** illo **R** | si aut te a Plancio aut a te illum dignitate potius superari dixero *Karsten 16–17 quod rec. Landgraf 30 et 111 sed* potuisse *rest., Mur. 15* ut neque ipse dignitate a te vinci potuerit neque te dignitate superarit *cf. A. Kornitzer, Progr. Nikolsburg 1891, 12* | potuisse *om.* **T** || 11 ipsa *om.* **T** | tum? an **E** *cf. Grimal 44* tu magni **T** tu inanem **AFP** tu ne inanem **O** tum inanem **R** tu aequum *Lambin quod prob. Cobet 313 et Reinhardt 1903, 3–4* tu non inanem *Fabricius* tune *Wunder* tu? verum *Rau 2, 189* tune acrem *RKlotz* tu? numne *RKlotz XXI* tu, Marce *Halm* tu *Ernesti et al., cf. Keil 9* tu ne aequum *Hirschfelder post Lambin* tu in magistratibus *Madvig 1873, 230 quod rec. Clark* ⟨deligendis⟩ *vel* ⟨creandis⟩ *add. vel* tu non *prop. in app. AKlotz qui in t. crucem post Baiterum apposuit* tu magistratuum *Lehmann 217 quod rec. Mueller et Landgraf* tu in campo *vel* tu comitiis *Luterbacher 230* tu maxime *Sydow 1944, 188* | dignitatis **EFOST** dignitate $AP^{ac}R$ || 12 fortasse ... p. 4, 11 attingere *del. Campe 265 quod rec. Koepke*^{2} | est^1 *om.* **A** | utinam **EFOPRS** ut iram **T** ut **A** | verus *Dubois* || 13 est^2 **AEFOPRS** esse **T** || 14 his levioribus (*sc. magistratibus*) comitate *Kraffert 119, sed cf. contra AKlotz propter vitiosam notionum ordinem coniunctionemque*: comitate diligentia et gratia || 15 paritur **AOPRS** patitur **FT** paratur **E** | iis **AFOPRST** his **E** | te **AEFOPRS** se **T** | uidemus **EFOPRST** uidimus **A** || 16 ⟨is⟩ *post* dignitatis *addendum putavit Cobet 313 quod rec. Hirschfelder* || 17 potes **S** potest **AEFOPRT** || 18 quod **AEOPRST** quid **F** | sit] sic *Minutiano* | quin **AEFOPRS** quid **T** || 19 et *om.* **R**

potest et solet nonnumquam dignos praeterire. nec si a populo praeteritus est quem non oportuit, a iudicibus condemnandus qui non praeteritus est. nam si ita esset, quod patres apud maiores nostros tenere non potuerunt, ut reprehensores essent comitiorum, id haberent iudices, vel quod multo etiam minus esset ferendum: tum enim magistratum non gerebat is qui ceperat, si patres auctores non erant facti: nunc postulatur a vobis, ut eius exitio, qui creatus sit, iudicium populi Romani reprendatis. itaque quoniam qua nolui ianua sum ingressus in causam, sperare videor tantum afuturam esse orationem meam a minima suspicione offensionis tuae, te ut potius obiurgem, quod inicum in discrimen adducas
4
9 dignitatem tuam, quam ut eam ego ulla contumelia coner attingere. tu continentiam, tu industriam, tu animum in rem publicam, tu virtutem, tu innocentiam, tu fidem, tu labores tuos, quod aedilis non sis factus, fractos esse et abiectos et repudiatos putas? vide tandem, Laterensis, quantum ego a te dissentiam. si me dius fidius decem soli essent in civitate viri boni sapientes iusti graves, qui te indignum aedilitate iudicavissent, gravius de te iudicatum putarem, quam est hoc quod tu metuis ne a populo iudicatum esse videatur. non enim comitiis iudicat semper populus, sed movetur plerumque gratia, cedit precibus, facit eos a quibus est maxime ambitus, denique etiamsi iudicat, non dilectu aliquo aut sapientia ducitur ad iudicandum, sed impetu nonnumquam et quadam etiam temeritate. non est enim consilium in vulgo, non ratio, non discrimen, non diligentia, semperque sapientes ea quae populus fecisset ferenda, non

2 condemnandus **T** condemnandus est **AEFOPRS** | non *post* qui *transp. Havet 359 post* praeteritus **AOPRS** *om.* **EFT** || 3 si *om.* **T** | maiores **EFOPRS** maioris **T** || 4 id] idem *Karsten 17–18* | iudices **AEOPRST** uidelicet **F** | uel **AEFOPRST** *def. Huldrich, Wunder, Comm. 66, Landgraf 31, cf. Mueller LXV, Grimal 44, lac. suspexit aut delere voluit Dubois, del. Cobet 199, Clark,* vel *post* quod *transp. Beroaldo* vel id quod *Angeli* id quod *susp. habuit Ernesti quod prob. Halm* atque id *Hirschfelder* || 5 etiam *om.* **AR** *post* minus **S** | esset **EFR** *quod prob. Ernesti, Garatoni, Wunder, Comm. 66, Cobet 199* essent **T** est **AOPS** || 6 ceperat **EFOPRS** caeperat **T** acceperat **A** | postulatur **AEOPRST** postulatis **F** || 7 eius *om.* **T** | exitio *Cobet 199* exilio **AEFOPRST** | reprendatis *Zielinski 177* reprehendatis **AEFOPRST** || 8 quoniam *Keil 7* iam quoniam **ET** *Grimal* iam quamquam **F** quamquam **AOPRS** | qua *om.* **EF** *s. l. add.* **E**[1] | nolui **AOPS** uolui **EFRT** | sum **EFT** sim **AOPRS** || 9 uideor **EFOPRST** uidear **A** | tantum **EFOPRST** tamen **A** | esse **AEFOPRS** messe **T** || 10 obiurgem **EFT** obiurgare **APS** obiurgere **O** obiurgarem **R** | quod **EFOPST** quam **AR** | inicum **T** inimicum **E** iniquum **AFOPRS** *post* in *Minutiano* || 11 eam ego **ET** ego eam **AFOPRS** | conere *Minutiano* || 12 continentiam **AEFOPRS** continuam **T** | rem p. **OPRS** r. p. **F** re p. **AET** || 15 ego **EFT** *om.* **AOPRS** || 16 te **AEOPRST** tu **F** | iudicauissent **EFORST** iudicassent **AP** || 17 iudicatum] iudicium latum *Karsten 18* || 20 etiamsi **EFT** si **AOPRS** || 21 etiam **AEFORS** *om.* **PT** || 22 est *om.* **O** *post* enim **A**

semper laudanda duxerunt. quare cum te aedilem fieri oportuisse dicis, populi culpam, non conpetitoris accusas. ut fueris dignior quam Plancius 10 – de quo ipso tecum ita contendam paulo post ut conservem dignitatem tuam –, sed ut fueris dignior, non conpetitor, a quo es victus, sed populus, a quo es praeteritus, in culpa est. in quo primum illud debes putare, comitiis praesertim aediliciis studium esse populi, non iudicium; eblandita illa, non enucleata esse suffragia; eos, qui suffragium ferant, quid cuique ipsi debeant considerare saepius quam quid cuique a re publica debeatur. sin autem mavis esse iudicium, non tibi id rescindendum est, sed ferendum. 'male iudicavit populus.' at iudicavit. 'non debuit.' at 11 potuit. 'non fero.' at multi clarissimi et sapientissimi cives tulerunt. est enim haec condicio liberorum populorum praecipueque huius principis populi et omnium gentium domini atque victoris, posse suffragiis vel dare vel detrahere quod velit cuique. nostrum est autem, nostrum qui in hac tempestate populi iactemur et fluctibus, ferre modice populi voluntates, adlicere alienas, retinere partas, placare turbatas; honores si magni non putemus, non servire populo; sin eos expetamus, non defetigari supplicando.

Venio iam ad ipsius populi partis, ut illius contra te oratione potius 5 12 quam mea disputem. qui si tecum congrediatur et si una loqui voce possit, haec dicat: 'ego tibi, Laterensis, Plancium non anteposui, sed cum essetis aeque boni viri, meum beneficium ad eum potius detuli, qui a me conten-

1 duxorunt *Angeli dett. secutus quod prob. AKlotz, contra Clark qui Deiot. 37 laud.* dixerunt **AEFOPRST** | quare **AEFOPRS** qua **T** | aedilem **AOPRS** aedili **T** aediliu **E** eadem **F** | dicis **AFOPRS** dicit **ET** || 2 conpetitoris **AEFOPRS** conpetitores **T** | ut **ET** at **AFOPRS** *cf. contra Garatoni, Wunder, Comm. 68* | fueris **AEOPRST** fueras **F** || 3 ipso **E** ipse **T** *om.* **AFOPRS** | tecum ita **ET** ita tecum **AFOPRS** | ut *bis* **F** || 5 primum illud **EFOPRS** illud primum **AT** || 6 eblandita **AFOPRST** et blandita **E** || 7 enucleata **AEFOPRS** enudata **T** | quid **AEFOPRS** qui **T** || 8 cuique[1] **ET** denique **AFOPRS** *cf. contra Garatoni, Wunder, Comm. 68* | considerare **AEFOPT** deliberare **RS** || 9 debeatur **ET** uideatur deberi **AFOPRS** | mauis **AEFPRST** maius **O** | esse **T** illud esse **E** est **AFOPRS** | rescindendum **AEOPST** resciendum **F** restituendum **R** || 10 at[1] **AEFOPRS** ad **T** | debuit **EFOPRST** dubitauit **A** | at[2] **AEFOPRS** ad **T** || 11 at **AEFOPS** ad **T** ac **R** | est *om.* **F** || 12 haec **ET** *om.* **AFOPRS** || 14 est *post* autem *Minutiano dett. secutus* | nostrum[2] **ET** *om.* **AFOPRS** *quod prob. Cobet 314, Koepke*[2]*, sed cf. contra Schroeder 20* | in *om.* **A** || 15 tempestate **AEFOPRS** potestate **T** | iactemur **EFORST** iactamur **AP** | et **EFT** ac **AOPRS** || 16 adlicere **AOPRST** at licere **E** allicerit **F** || 17 expetamus **EFO** expectamus **APRST** | defetigari **T** ($\pi_6 B_4$) *cf. Sest. 79* defetigatione defatigari **AEFOPRS** || 19 iam **EFORST** nunc **AP** iam ⟨ita⟩ *vel* ⟨sic⟩ ut *prop. Cobet 314* | partis **T** partes **AEFOPRS** || 20 mea **EFORST** mei **AP** | una **EFOPRST** uiua **A** | loqui *post* uoce **A** || 21 haec **AEFOPS** ac **T** *quod rec. Garatoni, sed cf. contra Orelli, Wunder* hoc **R** || 22 boni uiri **AEFOPRS** uiri boni **T** | ad eum potius **ET** potius ad eum **AFOPRS**

derat, quam ad eum, qui mihi non nimis summisse supplicarat.' respondebis credo te splendore et vetustate familiae fretum non valde ambiendum putasse. at vero te ille ad sua instituta suorumque maiorum exempla revocabit; semper se dicet rogari voluisse, semper sibi supplicari; se M. Seium, qui ne equestrem quidem splendorem incolumem a calamitate iudicii retinere potuisset, homini nobilissimo innocentissimo eloquentissimo M. Pisoni praetulisse; praeposuisse se Q. Catulo summa in familia nato, sapientissimo et sanctissimo viro, non dico C. Serranum stultissimum hominem – fuit enim tamen nobilis –, non C. Fimbriam novum hominem – fuit enim et animi satis magni et consilii –, sed Cn. Manlium, non solum ignobilem, verum sine virtute, sine ingenio, vita etiam con-
13 tempta ac sordida. 'desiderarunt te' inquiet 'oculi mei, cum tu esses Cyrenis; me enim quam socios tua frui virtute malebam, et quo plus intererat, eo plus aberat a me, cum te non videbam. deinde sitientem me virtutis tuae deseruisti ac reliquisti. coeperas enim petere tribunatum plebis temporibus iis quae istam eloquentiam et virtutem requirebant. quam petitionem cum reliquisses, si hoc indicasti tanta in tempestate te gubernare non posse, de virtute tua dubitavi, si nolle, de voluntate. sin, quod magis intellego, temporibus te aliis reservasti, ego quoque' inquiet popu-

1 non nimis **EFPS** nominis **T** non minus **AOR** || 3 at **AEFOPRS** ad **T** | ille **AEFOPRS** illae **T** | suorumque **AEORST** suorum **F** *om.* **P** || 4 voluisse *post* supplicari *Lambin* | semper^2 **AFOPRST** et semper **E** | sibi supplicari **ET** placuisse **AFOPRS** tibi placuisse *Fabricius* | se **ET** *om.* **AFOPRS** || 7 praeposuisse **AEFOPRS** praeoposuisse **T** | se q. **EFORS** seq̃. **T** se p. **P** q. **A** | in *ante* summa *Minutiano et al. dett. secuti* || 8 Serranum *Manuzio* seranum **EFT** serenum **AOPRS** | stultissimum **AEFORST** subtilissimum **P** || 9 fuit . . . 10 hominem **T** *om.* **AEFOPRS** || 10 manlium **AEOPRST** mallium **F** *cf. Wunder, Comm. 75* || 11 uerum **AEFOPRS** uirum **T** | etiam **AEFOPT** et **R** *om.* **S** || 12 desiderarunt **AEFOPRS** desiderant **T** | inquiet *prop. Wunder, Comm. 76, cf.* 4 revocabit *et infra* 19 inquiet inquit **AEFOPRST** | tu *om.* **F** || 13 et **AEFOPRT** uel **S** | quo plus **PS** *ex* quo populus **E**^{1} populus **FORT** cur quo plus **A** || 14 plus **AEFOPRT** plus populo **S** peius *Koch 16* longius *Hirschfelder* | aberat a me **AEFOPST** *quod prob. Keil 6–7, Karsten 18–19* aberarat a me **R** aberas a me *Novagero et al. dett.* (**N**) *secuti* avebam tamen *Jeep 301* desiderabaris a me *Campe 267* habebat me *Koch 16* | cum te **EFT** *quod prob. Keil 6–7, Karsten 18–19* certe **AOPRS** te certe *Lambin* certe te *Garatoni* mecum te *Fritzsch in censura ed. Wunderi quod rec. Baiter* te *Jeep 301* cur te *Hoffmann apud Wunderum, Comm. 76, Madvig 1873, 230, cf. etiam Landgraf 112 et Mueller LXVI* | sitientem . . . 15 tuae *Arus. gramm. 7, 511, 18* | sitientem **AOPRST** sicientens **E** scitientem **F** || 15 reliquisti **ET** dereliquisti **AFOPRS** | tribunatum **AE**^{cp}**FOPRS** ter **T** || 16 iis *om.* **T** hiis **FR** his **AEOPS** | et *om. Minutiano* || 17 indicasti *Lambin* iudicasti **AEFOPRST** *cf. Grimal 44 et 65* || 18 iudicaui *ante* dubitaui **T** *sed del.* || 19 intellego **AEFOPRS** intello **T** | quoque **AEFOPRS** autem **T** item *Orelli* vero te *Weidner 4,* te^1 p. 7, 1 *secl.* **T** *secutus* | inquiet **FT** inquam et **AEOPRS** | populus r. **EFPST** r. p. **AOR** || 19–p. 7, 1 inquiet populus Romanus *Cobet 315 'omnino inutile' putauit sed procul dubio non est delendum, cf. Schroeder 20–21*

lus Romanus 'ad ea te tempora revocavi ad quae tu te ipse servaras. pete igitur eum magistratum in quo mihi magnae utilitati esse possis; aediles quicumque erunt, idem mihi sunt ludi parati; tribuni plebis permagni interest qui sint. quare aut redde mihi quod ostenderas, aut si, quod mea minus interest, id te magis forte delectat, reddam tibi istam aedilitatem etiam neglegenter petenti; sed amplissimos honores ut pro dignitate tua consequare, condiscas censeo mihi paulo diligentius supplicare.'

Haec populi oratio est, mea vero, Laterensis, haec: quare victus sis, 6 14
non debere iudicem quaerere, modo ne largitione sis victus. nam si quotienscumque praeteritus erit is qui non debuerit praeteriri, totiens oportebit eum qui factus erit condemnari, nihil iam est quod populo supplicetur, nihil quod diribitio, nihil quod [supplicatio magistratuum] renuntiatio suffragiorum expectetur; simul ut qui sint professi videro dicam: 'hic familia consulari est, ille praetoria; reliquos video esse ex equestri loco; sunt omnes sine macula, sunt omnes aeque boni viri atque integri, sed servari necesse est gradus; cedat consulari generi praetorium, ne contendat cum praetorio nomine equester locus.' sublata sunt studia, ex- 15
tinctae suffragationes, nullae contentiones, nulla libertas populi in mandandis magistratibus, nulla expectatio suffragiorum; nihil, ut plerumque evenit, praeter opinionem accidet, nulla erit posthac varietas comitiorum. sin hoc persaepe accidit, ut et factos aliquos et non factos esse miremur, si campus atque illae undae comitiorum ut mare profundum et in-

1 te[1] *om.* **T** | revocavi] reservavi *Campe 266–267 quod rec. Koepke*[2] | seruaras **AEOPRST** reseruaras **F** *Campe 266–267* || 2 magistratum **AFOPRS** macc. **E** ·cc· **T** | utilitati **EFORST** utilitatis **AP** || 3 aediles **AFOPRST** aedilis **E** | sunt ... 4 mihi **ET** *om.* **AFOPRS** | ludi *Ernesti* iudi **T** iudices **E** *quod rec. Fabricius, cf. Cobet 315* | parati **E** parat **T** || 4.5 si, quod] siquid *Minutiano* || 5 minus **EFOPRST** nimis **A** || 7 paulo **ET** paulo ante **AFOPRS** || 11 praeteritus erit is **AEOPRST** praeteritis hiis **F** || 12 eum **AEFOPRS** cum **T** | iam est **AFOPRST** est iam **E** | populo **OP** *quod prob. Keil 9* a populo **AEFRST** *quod def. Grimal 44 et 66 sed frustra* || 13 diribitio **ET** diremptio **AF** direptio **OPRS** directio *Minutiano* | supplicatio magistratuum *del. Manuzio quod prob. Garatoni, Weiske, Schuetz, Wunder, Comm. 78–79, Baiter, Keil 12, Schroeder 16, Clark, cf. contra Grimal 44 et 66, qui lectionem codicum* a populo supplicetur, nihil quod diribitio, nihil quod supplicatio magistratuum, renuntiatio suffragiorum ... *auctoritate Mur. 1 in t. rec. et sensum offensit; Wunderi autem de Mur. 1 disputationem (Comm. 78) aspernatus est* | supplicatio *del. AKlotz* || 14 suffragiorum *secl. Garatoni quod rec. Orelli et al.* *post* diribitio *transp. Keil 12 quod rec. Hirschfelder, AKlotz et al.* | ut **AFOPRST** ut et **E** atque *Halm* | uidero **EFT** uideo **AOPRS** vide *Garatoni* | dicam **EFRT** quid dicam **POS** dicam quid **A** || 15 consulari **AEFOPRS** consiliari **T** | ille **AFOPRST** illae **E** || 16 omnes[2] **T** *cf. AKlotz in app.* *om.* **AEFOPRS** || 17 gradus **EFT** gradum **AOPRS** | ne **ET** nec **AFOPRS** || 18 nomine **ET** *om.* **AFOPRS** | equester **AEOPRST** equestris **F** | sunt] erunt *Mueller* || 19 suffragationes **AEFOPRS** suffragiones **T** || 23 illae undae **AEFOPRS** ille **T**

mensum sic effervescunt quodam quasi aestu ut ad alios accedant, ab aliis autem recedant, tanto nos impetu studiorum et motu temeritatis
16 modum aliquem et consilium et rationem requiremus? quare noli me ad contentionem vestrum vocare, Laterensis. etenim si populo grata est tabella quae frontes aperit hominum, mentes tegit datque eam libertatem ut quod velint faciant, promittant autem quod rogentur, cur tu id in iudicio ut fiat exprimis quod non fit in campo? 'hic quam ille dignior' perquam grave est dictu. quomodo igitur est aequius? sic credo quod agitur quod satis est iudici: 'hic factus est.' 'cur iste potius quam ego?' vel nescio vel non dico vel denique quod mihi gravissimum esset si dicerem, sed impune tamen deberem dicere: 'non recte'; nam quid assequerere, si illa extrema defensione uterer, populum quod voluisset fecisse, non quod debuisset?

7
17 Quid? si populi quoque factum defendo, Laterensis, et doceo Cn. Plancium non obrepsisse ad honorem, sed eo venisse cursu qui semper patuerit hominibus ortis hoc nostro equestri loco, possumne eripere orationi tuae contentionem vestrum, quae tractari sine contumelia non potest, et te ad causam aliquando crimenque deducere? si, quod equitis Romani filius est, inferior esse debuit, omnes tecum equitum Romanorum fili petiverunt. nihil dico amplius; hoc tamen miror, cur huic potissimum irascare qui longissime a te afuit. equidem siquando ut fit iactor in turba, non illum accuso qui est in summa sacra via, cum ego ad Fabium fornicem impellor, sed eum qui in me ipsum incurrit atque incidit. tu neque

2 tanto **AFPRS** in tanto **O** tamen **ET** tanto tamen *Grimal 45* | ⟨in⟩ impetu *Baiter* || 3 consilium **AEFOPRS** consiliorum **T** | rationem **AEOPRST** rationonem **F** | requiremus **EFT** requiramus **AOPRS** || 4 contentio vestrum *Gell. 20, 6, 11* | uestrum **AFORST** uestram **E** istam **P** | revocare *Novagero et al. dett.* (**Qd**) *secuti* | est] esset *Fabricius* || 5 tegit **AEOPRST** regit **F** | eam *om.* **R** || 6 autem **AEOPRST** aut **F** | id **ET** *om.* **AFOPRS** || 7 ut fiat **EFT** *om.* **AOPRS** *quod rec. Minutiano et al., def. Wunder, Comm. 81–82* | exprimis **AEOPRST** et primis **F** | ⟨est⟩ *post* ille *add. Baiter* || 8 aequius **EFT** equum **AOPS** equus **R** || 10 esset **AEFORST** est **P** | si dicerem **ET** sic dicere **AFOPRS** *del. Ernesti* || 11 deberem *post* dicere **F** | nam quid **AP** nunc quid **EFORST** numquid *Baiter, Grimal in t.* num quid *Wunder, Grimal in app.* | assequerere *Manuzio* assequerer **AEFOPRST** *quod contra Orellium def. Wunder, Comm. 83, Grimal 67* || 14 quoque *del. Campe 267–268 quod prob. Landgraf, Reinhardt, sed cf. contra Mueller, Clark, AKlotz* | ⟨re⟩ quoque *Busche 1912, 346* | factum *om.* **T** || 15 obrepsisse **AEFOPS** obrepisse **RT** || 16 hominibus **EFORST** omnibus **AP** | ortis **ET** *om.* **AFOPRS** | equestri *del. Kraffert 119 sed inepte* | loco *om.* **T** || 17 uestrum **AFOPRST** uestram **E** || 18 aliquando **ET** *om.* **AFOPRS** || 19 romanorum **EFORST** romani **AP** | petiuerunt **AEFOPRS** repetiuerunt **T** || 20 cur **ET** cur tu **AFOPRS** cur huic tu *prop. AKlotz in app.* potissimum *deleto* || 21 afuit **RT** fuit **F** abfuit **AEOPS** | equidem **AEOPRST** et quidem **F** *Arus. gramm. 7, 479* equidem qui in me ipsum incumbat, *cf. AKlotz in app.* || 22 fabium **AEFOPRST** *quod def. Orelli, Wunder, AKlotz* Fabianum *Dubois quod prob. Weiske, Clark, Grimal*

Q. Pedio forti viro suscenses neque huic A. Plotio ornatissimo homini familiari meo, et ab eo, qui hos dimovit, potius quam ab his, qui in te ipsum incubuerunt, te depulsum putas. sed tamen haec tibi est prima 18 cum Plancio generis vestri familiaeque contentio, qua abs te vincitur; cur enim non confitear quod necesse est? sed non hic magis quam ego a meis conpetitoribus et alias et in consulatus petitione vincebar. sed vide ne haec ipsa, quae despicis, huic suffragata sint. sic enim conferamus. est tuum nomen utraque familia consulare. num dubitas igitur quin omnes qui favent nobilitati, qui id putant esse pulcherrimum, qui imaginibus, qui nominibus vestris ducuntur, te aedilem fecerint? equidem non dubito. sed si parum multi sunt, qui nobilitatem ament, num ista est nostra culpa? etenim ad caput et ad fontem generis utriusque veniamus.

8 19 Tu es e municipio antiquissimo Tusculano, ex quo plurimae sunt familiae consulares, in quibus etiam Iuventia; tot ex reliquis municipiis omnibus non sunt. hic est e praefectura Atinati non tam prisca, non tam honorata, non tam suburbana. quantum interesse vis ad rationem petendi? primum utrum magis favere putas Atinatis an Tusculanos suis? alteri – scire enim hoc propter vicinitatem facile possum – cum huius ornatissimi atque optimi viri Cn. Saturnini patrem aedilem, cum praetorem viderunt, quod primus ille non modo in eam familiam, sed etiam in praefecturam illam sellam curulem attulisset, mirandum in modum laetati sunt; alteros – credo quia refertum est municipium consularibus; nam malivolos non esse certo scio – numquam intellexi vehementius suorum

1 suscenses **EFS** succenses **AOPR** suscensus **T** suscensens *Cobet 316* || 2 his **AEFOPRST** *quod def. AKlotz* iis (*vel* eis) *edd. fere omnes dett. secuti* || 3 incubuerunt **AEFOPRS** dicubuerunt **T** | tibi est prima **EFOPST** tibi est **A** prima est tibi **R** || 4 cum **AEFOPRS** con- **T** || 5 sed . . . 6 vincebar *del. Campe 267 quod rec. Koepke*[2] || 6 alias **AEFOT** aliis **PRS** | et in **EFOST** etiam in **AP** et etiam in **R** || 7 sic **AEFOPRS** sint **T** | conferamus **AEOPRST** cum feramus **F** || 8 num **EORST** non **AFP** || 9 putant **AEFOPRS** putantes **T** || 11 est *om.* **T** || 12 etenim **AEFOPRST** at enim *Ernesti, sed cf. contra Wunder, Comm. 84* | et *ante* ad[1] *add.* **F** | generis utriusque **ET** utriusque generis **AFOPRS** || 13 tu, ⟨M. Iuventius Laterensis⟩ *Karsten 19* | e **ET** ex **AFOPRS** | plurimae sunt familiae **E** sunt plurimae familiae **T** plurimae familiae sunt **AFOPRS** plurumae [sunt] familiae *Wunder, Comm. 84, Madvig 1873, 231* [plurimae] ⟨tot⟩ familiae sunt *Cobet 317* || 14 in quibus est etiam Iuventia *del. Cobet 317 quod prob. Karsten 19 et Kraffert 119* | in **EFOPRST** ex **A** | etiam **T** est etiam **AEFOPRS** | iuuentia **E** iuuenticia **T** inuenticia **FOPRS** ueienticia **A** | tot **AEFPRST** quot **O** *prob. Cobet. 317* tot ⟨quot⟩ *Wunder, Comm. 84 quod prob. Madvig 1873, 231 et Karsten 19* | ex **EOT** e **AFPRS** || 15 e **AFOPST** ea **E** ex **R** | praefectura **AFOPRST** praefutura pro · n · **E** || 16 quantum **AEFORST** quantam **P** || 17 utros *Cobet 203 quod rec. Koepke, cf. AKlotz in app.* | Atinatis an Tusculanos *secl. Cobet 203 et 317* || 21 illam *om.* **O** || 22 quia **AEFOPRS** qua **T** | nam . . . 23 scio *Schol. Bob.* || 23 maliuolos **AEFOPRST** maleuolus *Schol. Bob.* | certo *Schol. Bob.* **EFPST** certe **AOR** || 23 – p. 10, 1 suorum municipum **ET** (municipium **T**) hospitum suorum **AFOPRS** suorum *Huldrich, Cobet 318, rec. Clark, Grimal*

20 municipum honore laetari. habemus hoc nos, habent nostra municipia.
quid ego de me, de fratre meo loquar? quorum honoribus agri ipsi prope
dicam montesque faverunt. numquando vides Tusculanum aliquem de
M. Catone illo in omni virtute principe, num de Ti. Coruncanio municipe
suo, num de tot Fulviis gloriari? verbum nemo facit. at in quemcumque
Arpinatem incideris, etiamsi nolis, erit tamen tibi fortasse etiam de
nobis aliquid, sed certe de C. Mario audiendum. primum igitur hic habuit
studia suorum ardentia, tu tanta quanta in hominibus iam saturatis
21 honoribus esse potuerunt. deinde tui municipes sunt illi quidem splendi-
dissimi homines, sed tamen pauci, siquidem cum Atinatibus conferantur;
huius praefectura plena virorum fortissimorum, sic ut nulla tota Italia
frequentior dici possit. quam quidem nunc multitudinem videtis, iudices,
in squalore et luctu supplicem vobis. hi tot equites Romani, tot tribuni
aerarii – nam plebem a iudicio dimisimus, quae cuncta comitiis adfuit –
quid roboris, quid dignitatis huius petitioni attulerunt? non enim tribum
Teretinam de qua dicam alio loco, sed dignitatem, sed oculorum coniec-
tum, sed solidam et robustam et assiduam frequentiam praebuerunt.
nam municipia coniunctione etiam vicinitatis vehementer moventur.
9
22 omnia quae dico de Plancio, dico expertus in nobis; sumus enim finitimi
Atinatibus. laudanda est vel etiam amanda vicinitas retinens veterem

1 honore *om.* **T** || 2 quid **AEFOPT** quod **RS** | ⟨quid⟩ de fratre *Greffe quod prob. Cobet 319 sed cf. contra Wunder, Comm. 85* | quorum . . . 3 fauebant *Schol. Bob.* | honoribus **AEFOPRST** horibus *Schol. Bob.* || 2. 3 agri ipsi prope dicam *Schol. Bob.* **ET** prope dicam agri ipsi **F** agri prope dicam ipsi **AOPRS** || 3 montesque **AFOPRST** mentesque **E** | fauerunt **AEFOPRST** fauebant *Schol. Bob. quod rec. Baiter, def. O. Müller 118, Mueller LXVII, sed cf. contra AKlotz in app.* | numquando **AEFPRST** num aliquando **O** || 4 ti. **EFOPT** t. **ARS** || 4. 5 municipe suo *del. Garatoni* (**N** *secutus?*), *prob. Cobet 318, sed cf. contra Wunder, Comm. 86–88, Schroeder 21–22, AKlotz in app.* municipes suos *Gruytère, ref. Wunder* || 5 fuluiis **F** fuluis **E** fluluis **T** fabiis **AOPRS** | at . . . 7 audiendum *Schol. Bob.* | at *Schol. Bob.* **AFOPRS** ad **ET** | in quemcumque **AEFOPRST** si in aliquem *Schol. Bob.* || 6 incideris *Schol. Bob.* **AFOPRS** inciderit **ET** | etiamsi nolis *om. Schol. Bob.* | nolis **EFOPS** nolueris **A** nobis **RT** | tamen *om. Schol. Bob.* | etiam *Schol. Bob.* **EFOPT** *om.* **ARS** || 7 nobis **AEFOPRT** uobis **S** | sed certe *Schol. Bob.* **ET** *quod prob. Baiter, Cobet 318–319* aliquid et **AORS** et **P** aliquid certe *Fabricius, Wunder, Comm. 89* || 8 hominibus *ex* omnibus **A**² || 9 tui . . . 10 pauci *Schol. Bob.* || 11 huius **EFORST** huius modi **AP** | sic] est *Hirschfelder* sic ⟨est⟩ *Mommsen* ⟨est⟩ sic *Kayser* (**H** *secutus?*) | nulla **AEOPRST** ulla **F** || 12 quam . . . 13 uobis *Schol. Bob.* | uidetis *Schol. Bob.* **AEOPRST** uidelicet **F** || 13 uobis *Schol. Bob.* **AEFOPST** nobis **R** || 14 aerari **ET** aeriti **F** aeritini **OS** aretini **R** attinatini **AP** || 15 ⟨modo⟩ *post* non *add. Clark, sed cf. contra AKlotz in app.* || 16 teretinam **EOPRS** tiretinam **T** te netinam **F** terrentinam **A** Terentinam *Novagero et al. dett. secuti* || 18 nam *Clark* nostra **ET** *Wunder, Comm. 89–90* iam **AFOPRS** iam nostra *Orelli* nam nostra *Grimal 45, sed* nostra *propter* 19 nobis *sensum offendit* || 19 nobis **AEOPRST** uobis **F** || 20 uel *post* etiam **R** | amanda] imitanda *Karsten 19–20* admiranda *Landgraf*

illum offici morem, non infuscata malivolentia, non adsueta mendaciis, non fucosa, non fallax, non erudita artificio simulationis vel suburbano vel etiam urbano. nemo Arpinas non Plancio studuit, nemo Soranus, nemo Casinas, nemo Aquinas. tractus ille celeberrimus Venafranus Allifanus, tota denique nostra illa aspera et montuosa et fidelis et simplex et fautrix suorum regio se huius honore ornari, se augeri dignitate arbitrabatur, isdemque nunc ex municipiis adsunt equites Romani publice cum laudatione et testimonio nec minore nunc sunt sollicitudine quam tum erant studio. etenim est gravius spoliari fortunis quam non augeri dignitate. ergo ut alia in te erant illustriora, Laterensis, quae tibi maiores 23
tui reliquerant, sic te Plancius hoc non solum municipii, verum etiam vicinitatis genere vincebat; nisi forte te Labicana aut Gabina aut Bovillana vicinitas adiuvabat, quibus e municipiis vix iam qui carnem Latinis petant reperiuntur. adiungam si vis id quod tu huic obesse etiam putas, patrem publicanum. qui ordo quanto adiumento sit in honore quis nescit? flos enim equitum Romanorum, ornamentum civitatis, firmamentum rei publicae publicanorum ordine continetur. quis est igitur 24
qui neget ordinis eius studium fuisse in honore Planci singulare? neque iniuria, vel quod erat pater is qui est princeps iam diu publicanorum, vel quod is ab sociis unice diligebatur, vel quod diligentissime rogabat, vel

1 illam *Wunder et al.* | morem **AEFOPRS** mentem **T** rationem *Wunder, Comm. 90* || 2 non fucosa *Schol. Bob.* **ET** fuscata **FO** fucata **APRS** || 3 Soranus *Bussi* (**gt** *secutus?*) sopanus **EFOPST** sepanus **A** id panus **R** || 4 casinas **E** cassinas **AFOPRST** | tractus ille **ET** tratas ille **F** totus ille **AOPRS** totus ille tractus *Novagero* | uenafranus **EOST** uenestranus **F** uenefranus **APR** | allifanus **AFPRS** alligsanus **ET** allifranus **O** || 5 nostra illa **AOPRS** a nostra ita **EFT** ea nostra ita *Baiter, cf. contra Keil 9 qui* nostra illa *prob. sed* illa *susp. habuit* illa *del. Koepke* | montosa *Bussi et al. vett.* || 6 se[1] **AFOPRST** sed **E** || 7 isdemque **EFOT** *ex* iisdem **A**[2] hisque **P** iisdem **AS** hiisdemque **R** | ex **AEFPST** e **OR** a *Fabricius, Wunder, Comm. 91* | adsunt **AEOPRST** a suis **F** | romani publice **AEPRS** r. p. **F** rei p. **O** romani pluplicae **T** || 8 laudatione et *conieci, cf. Cael. 5, Cluent. 198, Verr. 2, 45* legatione **AEFOPRST** legationis *Novagero* (**M** *secutus?*) *del. Weidner 5* et *post* legatione *suppl. Garatoni quod prob. Wunder, Comm. 91–92, cf. contra AKlotz qui in app.* publica legatione cum testimonio *prop.* | testimonioque *Lambin* | sunt *om.* **ER** || 10 ergo **AEFOPRS** etenim **T** || 12 gabina aut bouillana **F** *quem ordinem Schol. Bob. prob.* (oppida commemoraverat Lavicanum et Gabinum et Bovillas), *cf. contra in app. AKlotz qui scholiorum testimonium false interpret.* gabina aut bouillana aut gabinis **ET** gabina aut bouillana aut sabinas **OP** gabina aut bouillana aut gabinas **R** bouillana aut gabina **S** || 13 quibus . . . 14 repperiuntur *Schol. Bob.* | qui *om. Schol. Bob.* || 14 latinis *ex* lacrimis **P** | reperiuntur **ET** repperiuntur *Schol. Bob.* inueniuntur **AOPRS** inueniantur **F** | adiungamus . . . 15 publicanum *Schol. Bob.* | adiungam **AEFOPRST** adiungamus *Schol. Bob., cf. Arch. 15* adiungo | obesse **AEFOPST** abesse *Schol. Bob.* **R** | etiam *ante* huic **AFOPRS** || 17 rei **AEFOPRS** re **T** | ordine **AEFOPRS** ordinem **T** | igitur] ergo *Fabricius dett. III familiae secutus* || 18 ordinis eius **AFOPRST** eius ordinis **E** || 19 uel[2] . . . p. 12, 1 supplicabat *Schol. Bob.* || 20 quod[1] *om.* **A** | is **AEFOPRS** iis **T** *om. Schol. Bob.* | ab **AEFPRST** a **O**

quia pro filio supplicabat, vel quod huius ipsius in illum ordinem summa officia quaesturae tribunatusque constabant, vel quod illi in hoc ornando ordinem se ornare et consulere liberis suis arbitrabantur.

10 Aliquid praeterea – timide dico, sed tamen dicendum est: non enim
opibus, non invidiosa gratia, non potentia vix ferenda, sed commemo-
ratione beneficii, sed misericordia, sed precibus aliquid adtulimus etiam
nos. appellavi populum tributim, summisi me et supplicavi; ultro me
hercule se mihi etiam offerentis, ultro pollicentis rogavi. valuit causa ro-
25 gandi, non gratia. nec si vir amplissimus, cui nihil est quod roganti con-
cedi non iure possit, de aliquo ut dicis non impetravit, ego sum adrogans
quod me valuisse dico. nam ut omittam illud quod ego pro eo laborabam,
qui valebat ipse per sese, rogatio ipsa semper est gratiosissima, quae est
officio necessitudinis coniuncta maxime. neque enim ego sic rogabam ut
petere viderer, quia familiaris esset meus, quia vicinus, quia huius parente
semper plurimum essem usus, sed ut quasi parenti et custodi salutis
meae. non potentia mea, sed causa rogationis fuit gratiosa. nemo mea re-
stitutione laetatus est, nemo iniuria doluit, cui non huius in me miseri-
26 cordia grata fuerit. etenim si ante reditum meum Cn. Plancio se vulgo
viri boni, cum hic tribunatum peteret, ultro offerebant, cui nomen meum
absentis honori fuisset, ei meas praesentis preces non putas profuisse?
an Minturnenses coloni, quod C. Marium e civili ferro atque ex impiis
manibus eripuerunt, quod tecto receperunt, quod fessum inedia flucti-
busque recrearunt, quod viaticum congesserunt, quod navigium dede-

1 quia *Schol. Bob.* **AEFOPRST** quod *Kayser* | uel *Schol. Bob.* **AEFOPRS** ut **T** | quod **EFT** quia **AOPRS** | ordinem **AFOPRS** ordine **ET** || 4 aliquid ... 7 nos *Schol. Bob.* (4 non enim ... 6 precibus *om. Schol. Bob.*) | aliquid *Schol. Bob.* **AEFOPST** aliud **R** | timide **AEFOPRS** time **T** | dico **AEFOPRS** dedico **T** dicam *Schol. Bob. Wunder, Comm. 94, sed cf. contra Landgraf et Flacc. 13* | est **EFRST** *om.* **AOP** || 5 commemoratione **AEFOPRS** commeratione **T** || 7 tributim **ET** tribuum **F** tribubus **AOPS** tribunus **R** | me[1] *om. AKlotz (errore typograph. ?)* | et *om.* **F** | ultro ... 8 rogaui *Schol. Bob.* || 7.8 mehercule **AES** mercule *Schol. Bob.* mehercules **FOPRT** || 8 se *Schol. Bob.* **AFOPRST** esse **E** | ualuit **AEFOPRST**[1] uoluit **T**[ac] || 9 nec ... 10 impetrauit *Schol. Bob.* || 11 quod[1]] qui *Novagero* | ut *om.* **T** || 12 rogatio ... gratiosissima *Schol. Bob.* | ipsa **AEFOPRST** haec *Schol. Bob.* | est[1] *om.* **T** || 13 enim **ET** *om.* **AFOPRS** || 15.16 salutis meae **ET** mee **F** meo **AOPS** *om.* **R** || 16 petentia **T** | fuit *om.* **T** | gratiosa **AEFOPST** gloriosa **R** || 17 cui *om.* **T** || 19 hic *del. Cobet 319 quod rec. Koepke*[2]*, rest. Schroeder 22* | nomen meum **AFOPRST** meum nomen **E** meum *secl. Wunder, Comm. 97, cf. contra AKlotz in app.* || 20 absentis **ET** *om.* **AFOPRS** | meas *del. Boot ad Cic. Att. 11, 15, 2 sed cf. contra AKlotz in app.* | praesentis *ex* praesentes **T**[1] praesentes **AEFOPRS** || 21 an ... 22 eripuerunt *Schol. Bob.* | minturnensem *Schol. Bob.* | e *Schol. Bob. om.* **AEFOPRST** *def. Baehrens 533* ex *Fabricius* | ferro *Schol. Bob.* errore **AEFOPRST** || 22 quod tecto receperunt *om.* **O** | fessum *om.* **P**

runt, quod eum linquentem terram eam, quam servarat, votis ominibus lacrimisque prosecuti sunt, aeterna in laude versantur: Plancio, quod me vel vi pulsum vel ratione cedentem receperit iuverit custodierit, his et senatui populoque Romano ut haberent quem reducerent conservarit, honori hanc fidem misericordiam virtutem fuisse miraris?

Vitia mehercule Cn. Planci res eae, de quibus dixi, tegere potuerunt, **11** 27 ne tu in ea vita, de qua iam dicam, tot et tanta adiumenta huic honori fuisse mirere. hic est enim qui adulescentulus cum Aulo Torquato profectus in Africam sic ab illo gravissimo et sanctissimo atque omni laude et honore dignissimo viro dilectus est, ut et contuberni necessitudo et adulescentis modestissimi pudor postulabat. quod si adesset non minus ille declararet quam hic illius frater patruelis et socer Titus Torquatus, omni illi et virtute et laude par, qui est quidem cum illo maximis vinclis et propinquitatis et adfinitatis coniunctus, sed ita magnis amoris, ut illae necessitudinis causae leves esse videantur. fuit in Creta postea contubernalis Saturnini propinqui sui, miles huius Q. Metelli. cui cum fuerit probatissimus hodieque sit, omnibus esse se probatum sperare debet. in ea provincia legatus fuit C. Sacerdos, qua virtute, qua constantia vir! L. Flaccus, qui homo, qui civis! ⟨qui⟩ qualem hunc putent, adsiduitate testimonioque declarant. in Macedonia tribunus militum fuit, in eadem 28

1 seruarat **ET** seruauerat **AFOPRS** || 1.2 votis ominibus lacrimisque *Baiter* uotis omnibus lacrimisque **ET** lacrimis uotisque omnibus **AFOPRS** lacrymis, votis, atque ominibus *Fabricius* votis ominibus lacrimis *Lemaire* lacrimis votis ominibusque *Wunder* votis ominibusque et lacrimis *Madvig* votis, ominibus [lacrimis] *Long* || 2 uersantur **EFOPST** uersatur **AR** | quod . . . 3 cedentem *Schol. Bob.* || 3 vel[1] *om.* **A** | ui pulsum *Schol. Bob.* **AEPT** impulsum **FRS** impulsu **O** | ratione **AEFOPRT** romae **S** | cedentem ⟨tempori⟩ *Novagero, sed cf. contra Garatoni* | receperit *om.* **R** | custodierit *om.* **R** | his *ras.* **A** is *Novagero* || 4 et **AFOPRST** ut **E** | quem **ET** quod **AFOPRS** | conseruarit **AEFORST** conseruauerit **P** || 6 cn. planci res eae **ET** res hae cn. planci **AF** res haec cn. planci **ORS** hae res cn. planci **P** | dixi tegere **AFOPRS** dixit agere **E** dixit aegere **T** || 7 huic *om.* **F** || 8 hic . . . 10 est *Schol. Bob.* | est *om.* **T** *quod prob. Garatoni qui* qui *del., sed cf. contra Wunder* | Aulo *Schol. Bob.* a. **AEFOPRST** || 9 illo *om.* **A** | uiro *post* grauissimo *add.* **E** | et sanctissimo . . . 10 dignissimo *om. Schol. Bob.* || 10 dilectus *Schol. Bob.* **FOPRS** delectus **T** dilectu **E** || 11 adulescentis (adol- **E**) **ET** adolescentuli **AFOPRS** | quod] qui *Fabricius dett. secutus* | si *om.* **T** || 12 illius frater **AFOPRST** illustrator **E** | Titus (*cf.* 8 Aulo)] tuus **E** t. **AFOPRST** || 13 omni illi **ET** illi omni **AFOPRS** | cum illo . . . *incipit* **B** | maximi[s ui]nculis **B** | uinclis **ET** uinculis **ABFOPRS** || 14 propinquitatis **ABEFOPRS** appropinquitatis **T** | coniunctus **ABEFOPRS** conuictus **T** | magn[i]s **B** *Bagatto* magni **AEFOPRST** | [amo]ris **B** || 15 c[ausae] **B** causae *om.* **A** | uide[a]ntur **B** uideamur **T** | fuit . . . 16 Metelli *Schol. Bob.* || 15.16 [postea cont]ubernales [saturni]n[i propinqui s]ui **B** | contubernalis *Schol. Bob.* **AEFOPRST** || 16 [m]e[telli cui] **B** | cui **AFOR** qui **EST** [quibus] **B** *rest. de Ricci* **P** || 17 se *om.* **AB** | probatum **ABEFOPST** speratum **R** | [sper]are debet **B** debet sperare **AEFOPST** | [ea] **B** || 18 legatu[s f]uit **B** | qua[1] **AEFOPRST** quia **B** | [qua co]nstantia **B** || 19 L. *om.* **A** | ⟨qui⟩ *Keil 8, cf. Lehmann 218* || 20 declarant **ABEFOPST** declarent **R**

provincia postea quaestor. primum Macedonia sic eum diligit, ut indicant hi principes civitatum suarum. qui cum missi sint ob aliam causam, tamen huius repentino periculo commoti huic adsident, pro hoc laborant, huic si praesto fuerint gratius se civitatibus suis facturos putant, quam si legationem suam et mandata confecerint. L. vero Apuleius hunc tanti facit, ut morem illum maiorum, qui praescribit in parentum loco quaestoribus suis praetores esse oportere, officiis benivolentiaque superarit. tribunus plebis fuit non fortasse tam vehemens quam isti quos tu iure laudas, sed certe talis, quales si omnes semper fuissent, numquam desideratus vehemens esset tribunus.

12 29 Omitto illa quae, si minus in scaena sunt, at certe cum sunt prolata laudantur, ut vivat cum suis, primum cum parente – nam meo iudicio pietas fundamentum est omnium virtutum –, quem veretur ut deum – neque enim multo secus est parens liberis –, amat vero ut sodalem, ut fratrem, ut aequalem. quid dicam cum patruo, cum affinibus, cum propinquis, cum hoc Cn. Saturnino ornatissimo viro? cuius quantam honoris huius cupiditatem fuisse creditis cum videtis luctus societatem? quid de me dicam qui mihi in huius periculo reus esse videor? quid de his tot viris talibus, quos videtis veste mutata? atque haec sunt indicia, iudices, solida et expressa, haec signa probitatis non fucata forensi specie, sed domesticis inusta notis veritatis. facilis est illa occursatio et blanditia popularis;

1 mace[d]onia **B** | eum diligit **AEFOPRST** diligit hunc **B** || 2 hi **AEFOPRS** ii **T** hi qui **B** | qui *om.* **B** | cum missi **ABEFOPST** commissi **R** | sint **AEFOPRST** sunt **B** | ob **AEFOPRST** in **B** | causam *om.* **O** || 3 repent[ino] **B** | com[moti] **B** | huic adsident *om.* **R** | p[ro] **B** | labora[nt] hui[c] **B** || 4 gratiu[s se ciuita]t[i]bus **B** | ciuitatibus *post* suis **A** || [suis] **B** | puta[nt quam si le]gationem **B** || 5 suam et mandata **BET** et mandata sua **AFOPRS** | [c]onfecerint **B** | [l. uer]o **B** | l. **B** (*rest. de Ricci*) **EFOPRST** lucius **A** | apulegius **T** | hunc **ABEFOPRS** huc **T** | facit **ABEFOPST** fecit **R** || 6 illum **BEFOPRST** illorum **A** | qui *om.* **B** || 7 praestores **B** | benibolentiaque **B** || 7.8 tr. pl. ... 10 tribunus *Schol. Bob.* || 8 uehemens **ABEFOPRST** ueaemens *Schol. Bob.* | iure *Schol. Bob.* **ABEFOPRST** mire *Guilielmus* | sed **AEFOPRST** sede *Schol. Bob.* set **B** || 9 talis *Schol. Bob.* **AEFOPRST** taliis **B** | *post* semper *explicit* **B** || 11 in scaena **AEFOPRST** necessaria *Novagero dett. III familiae secutus* | sunt^2 **AEFORST** sint **P** | prolata **EFPRST** probata **A** || 12 meo **AEFPRST** in eo **O** || 13 pietas **AEFOPRS** putas **T** | est *om.* **FRS** | quem **AEFOPST** quam **R** || 14 multo **AEFOPRS** multos **T** | est **ET** *om.* **AFOPRS** | liberis **AEFOST** a liberis **R** liberum **P** | sodalem **EFOPRST** sobolem **A** | ut^2 *om.* **T** || 16 saturnino **EFOPRST** saturnio **A** || 17 fuisse *om.* **P** | uidetis **EFT** uideatis **AOPRS** | luctus **AEOPRST** uictus **F** || 18 mihi *om.* **O** || 19 atque **AEFOR** adque **T** atqui **PS** | indicia *et* haec *ante* signa *secl. Wunder* (haec *om.* JN_4V_3), *Comm. 99–100 quod rec. Campe 268* | iudices solida **ET** solida iudices **PRS** solida uidelicet **F** solida **O** solida uide **A** || 20 ⟨virtutis⟩ *post* expressa *suppl. Lambin sed frustra* | fucata **AFOPRS** fugat a **ET** || 21 inusta **AEOPRST** in uista **F** | facilis] fragilis *Bake, sed cf. contra Wunder, Comm. 100* fallax *Campe 268* futilis *O. Müller 301 quod prob. Karsten 20*

aspicitur, non adtrectatur; procul apparet, non excutitur, non in manus sumitur. omnibus igitur rebus ornatum hominem tam externis quam 30 domesticis, nonnullis rebus inferiorem quam te, generis et nominis dico ⟨splendore⟩ superiorem aliis, municipum vicinorum societatum studio, meorum temporum memoria, parem virtute integritate modestia aedilem factum esse miraris?

Hunc tu vitae splendorem maculis aspergis istis? iacis adulteria quae nemo non modo nomine, sed ne suspicione quidem possit agnoscere. 'bimaritum' appellas, ut verba etiam fingas, non solum crimina. ductum esse ab eo in provinciam aliquem dicis libidinis causa, quod non crimen est, sed inpunitum in maledicto mendacium; raptam esse mimulam, quod dicitur Atinae factum a iuventute vetere quodam in scaenicos iure maximeque oppidano. o adulescentiam traductam eleganter, cui 31 quidem cum quod licuerit obiciatur, tamen id ipsum falsum reperiatur! emissus aliquis e carcere. et quidem emissus per inprudentiam, emissus ut cognostis necessari hominis optimique adulescentis rogatu; idem

1 non excutitur *del. Karsten 20* || 1. 2 non in manus sumitur *del. Wunder, Comm. 101, quod prob. Keil 12, Schroeder 16, Campe 268, O. Müller 301* || 2 tam ... quam **E** quam ... quam **FT** quam ... quem **R** quem ... quem **AOPS** qua ... qua *Dubois, cf. Grimal 45–46 et 78* || 3 rebus *del. Garatoni* | quam te **AFORST** quasi te **P** quanti **E** | generis et nominis dico **FPRS** ⟨splendore⟩ *add. Kumaniecki 1973, 79–80 quod supplementum sensui et numeris Tullianis satisfacit* generis dico et nominis **ET** *Wunder, Comm. 102, Grimal 36 et 78* nominis et generis dico **A** generis et nominis **O** generis et nominis [dico] ⟨splendore⟩ *temptavit dub. Ernesti* generis et nominis ⟨dignitate⟩ *Garatoni* genere dico et nomine *Garatoni 1815, sed genetivos genuinos esse suspiciebat et cautius*: generis dico et nominis ⟨dignitate⟩ *emendavit* generis et nominis ⟨decore⟩ *Wolff* generis dico et nominis ⟨commendatione⟩ *Bake* generis dico et nominis ⟨splendore⟩ *dub. prop. Busche 1896, 570* ⟨dignitate⟩ generis dico et nominis ⟨decore⟩ *temptavit in app. AKlotz* generis dico et nominis ⟨insignibus atque ornamentis⟩ *Sydow 1942, 360* || 4 municipum **AEOPRS** municipiorum **T** municipium **F** | societatum **AEFOPRS** societate *in* societatu T^1 || 5 meorum temporum **ET** temporum meorum **FORS** temporum nostrorum **A** temporum morum **P** | parem **ET** partim **F** patris **AOPRS** || 6 esse *om.* **A** || 7 istis *om.* **P** *quod prob. Cobet 319, sed cf. contra Schroeder 22* | quae] qua *Kraffert 119* || 8 nomine] crimine *Lambin* discrimine *Greffe* crimina *Kraffert 119* nota *Sydow 1942, 360* | suspiciones *Kraffert 119* || 9 bimaritum **ET** maritum **AFOPS** meritum **R** | etiam *del. Fabricius* (F_1 *secutus ?*) || 10 aliquem **AEFOPST** aliquam **R** | dicis *dett. III familiae* dicas **AEFOPRST** dictitas *Mueller, sed cf. contra AKlotz in app.* || 11 in maledicto **ET** in maledito **P** in maledico **AFORS** *susp. habuit Orelli qui dub. prop.* maledici maledici hominis *temptavit Cobet 319–320* || 12 iuuentute A^2 *mg* **ET** iuuene **AFOPRS** | scaenicos **EFOPRST** senicos **A** || 13 cui **AFOPRS** qui **ET** || 14 cum *om.* **P** | id **AEFOST** ad **PR** || 15 aliquis **AEFOPRS** aliqui **T** | e **AEFPRST** est **O** est e *Grimal dett. III familiae secutus* | et quidem **EFT** equidem **AOPRS** | emissus per inprudentiam **ET** *om.* **AFOPRS** || 16 ut cognostis **AEFOPRS** *om.* **T** | optimique **AEFOPRS** optime **T**

postea praemandatis requisitus. atque haec nec ulla alia sunt coniecta maledicta in eius vitam de cuius vos pudore religione integritate dubitetis.

13 'Pater vero' inquit 'etiam obesse filio debet.' o vocem duram atque indignam tua probitate, Laterensis! pater ut in iudicio capitis, pater ut in dimicatione fortunarum, pater ut apud talis viros obesse filio debeat? qui si esset turpissimus, si sordidissimus, tamen ipso nomine patrio valeret apud clementis iudices et misericordes; valeret, inquam, communi sensu
32 omnium et dulcissima commendatione naturae. sed cum sit Cn. Plancius is eques Romanus, ea primum vetustate equestris nominis, ut pater, ut avus, ut maiores eius omnes equites Romani fuerint, summum in praefectura florentissima gradum tenuerint et dignitatis et gratiae, deinde ut ipse in legionibus P. Crassi imperatoris inter ornatissimos homines equites Romanos summo splendore fuerit, ut postea princeps inter suos plurimarum rerum sanctissimus et iustissimus iudex, maximarum societatum auctor, plurimarum magister: si non modo in eo nihil umquam reprehensum, sed laudata sunt omnia, tamen is oberit honestissimo filio pater qui vel minus honestum et alienum tueri vel auctoritate sua vel gratia possit?

33 'Asperius' inquit 'locutus est aliquid aliquando.' immo fortasse liberius. 'at id ipsum' inquit 'non est ferendum.' ergo ii ferendi sunt qui hoc queruntur, libertatem equitis Romani se ferre non posse? ubinam ille mos, ubi illa aequitas iuris, ubi illa antiqua libertas, quae malis oppressa civilibus extollere iam caput et aliquando recreata se erigere debebat? equitum ego Romanorum in homines nobilissimos maledicta, publicanorum in Q. Scaevolam, virum omnibus ingenio iustitia integritate praestan-
14 tem, aspere et ferociter et libere dicta commemorem? consuli P. Nasicae

1 praemandatis **AEFOPRS** *def. Wunder, Comm. 104–105* praemandatus **T** propere mandatis *vel* per mandata *prop. Manuzio* praetoris mandatu *Turnèbe quod rec. Lambin et al., Clark in t. rec. sed in app.* ⟨a⟩ praemandatis *prop.* praemiis dictis *Garatoni* | sunt coniecta **AEFOPRS** sunt coniuncta sunt **T** || 2 maledicta] crimina *Ernesti* | integritates **T** || 3 vero *om.* **F** | debet **EFOPRST** debebat **A** || 4 laterensis **AEOPRST** laterensi **F** | pater^{2} ... 5 fortunarum *om.* **AR** || 5 debeat **EFOPRST** debebat **A** || 6 si^{2} **ET** *om.* **AFOPRS** | sed *post* sordidissimus *add.* **F** || 7 clementis **E** elementis **T** dementes **A** clementes **FOPRS** || 9 fuerint summum *ante* ea *add.* **T** | nominis **T** *om.* **E** ordinis **AFOPRS** || 10 fuerint **EFOPRST** fuerunt **A** | praefectura **EFOPRST** praetura **A** || 13 princeps **EOPRST** principes **AF** || 15 nihil *om.* **S** || 16 laudata **AEFOPRT** laudanda **S** || 20 at **AEFOPRS** ad **T** | inquit **AEFORST** inquid **P** | ii **T** hi **AEFOPRS** | hoc **EFT** *om.* **AOPRS** | queruntur **AEFOPST** quaerunt **R** || 21 libertatem ... Romani *del. Wunder* | ille **AEFOPRS** illa **T** || 23 iam *om.* **T** | debebat **AEFOPRS** debeat **T** || 24 ego ... p. 17, 3 legationes *Schol. Bob.* | ego *ex* ergo **E**^{1} | romanorum **AEFOPST** romanus **R** | in **EFOPT** etiam **R** etiam in **AS** | maledicta *del. Weidner 5* | publicanorum **FOPRST** publica norim **E** plurimorum **A** || 25 in q. **AEOPRST** neque *Schol. Bob.* inque **F** | omnibus *Schol. Bob.* **AEFOPRS** omni **T** || 26 et libere *om. Schol. Bob., del. Garatoni, Weidner 5*

praeco Granius medio in foro, cum ille edicto iustitio domum decedens
rogasset Granium quid tristis esset; an quod reiectae auctiones essent:
'immo vero' inquit 'quod legationes.' idem tribuno plebi potentissimo
homini M. Druso, sed multa in re publica molienti, cum ille eum salu-
tasset ⟨et⟩ ut fit dixisset: 'quid agis, Grani?' respondit: 'immo vero tu,
Druse, quid agis?' ille Luci Crassi, ille M. Antoni voluntatem asperioribus
facetiis saepe perstrinxit inpune: nunc usque eo est oppressa nostra adro-
gantia civitas, ut, quae fuit olim praeconi in ridendo, nunc equiti Romano
in plorando non sit concessa libertas. quae enim umquam fuit Planci vox 34
contumeliae potius quam doloris? quid est autem umquam questus nisi
cum a sociis et a se iniuriam propulsaret? cum senatus impediretur, quo-
minus, id quod hostibus semper erat tributum, responsum equitibus Ro-
manis redderetur, omnibus illa iniuria dolori fuit publicanis, sed eum
ipsum dolorem hic tulit paulo apertius. communis ille sensus in aliis
fortasse latuit; hic, quod cum ceteris animo sentiebat, id magis quam
ceteri et vultu promptum habuit et lingua. quamquam, iudices, – agno- 35
sco enim ex me – permulta in Plancium quae ab eo numquam dicta sunt
conferuntur. ego quia dico aliquid aliquando non studio adductus, sed
aut contentione dicendi aut lacessitus, et quia ut fit in multis exit ali-
quando aliquid si non perfacetum, at tamen fortasse non rusticum, quod

1 edicto **AOPRS** edicio **FT** editicio **E** | iustitio **EFOPT** iustitiae **ARS** *pro* edicto iustitio *vocabulum corruptum* dictustitio *in Schol. Bob. legitur* | decedens *Schol. Bob.* **EFT** *om.* **P** descendens **AORS** || 2 quid tristis **AEFOPRST** quin tius quis *Schol. Bob.* | esset *Schol. Bob.* **AFOPRST** isset **E** | reiectae auctiones *Schol. Bob.* **ET** autores **O** auctiones **AFOPRS** | essent **AEFS** essem **T** *om.* **PR** || 3 inquit **AEFOPRS** inquid **T** | legationes *Schol. Bob.* **E** legiones **AFOPRST** | idem . . . 4 Druso *Schol. Bob.* | plebi *Schol. Bob.* plebis **AEFOPRST**[cp] || 4 homini **AEFOPRST** *om. Schol. Bob.* homine *Novagero* | sed] et *Kiehl 231* | re publica **AEFRT** rem publicam **OPS** || 5 ⟨et⟩ *Baiter* | fit **AEOPRST** sic **F** | dixisset **EFPT** dixissetque **OR** dixitque **A** dixissitque **S** | Grani quid agis *et* immo . . . 6 agis *Schol. Bob.* | agis *Schol. Bob.* **AEFOPRS** agit **T** | vero *om. Schol. Bob.* **A** || 6 luci **AEFOPRST** L. *Novagero dett. III familiae secutus* | crassi **AFOPRST** crasse **E** | m. **EFOPRST** marci **A** | voluntatem] volubilitatem *Orelli* || 7 saepe **AEFOPST** se **R** | nunc . . . 8 ciuitas *Schol. Bob.* | est *Schol. Bob.* **EFOT** *om.* **APRS** *post* 8 civitas *Novagero* | nostra *Schol. Bob.* **AEFOPST** uostra **R** vestra *Garatoni* || 8 in ridendo . . . 9 in plorando *Schol. Bob.* **EOPRST** irridendo . . . implorando **AF** || 9 umquam *post* fuit **F** | fuit planci uox **E** plancio uox fuit **T** fuit plancio uox **AOPRS** fuit umquam plancio uox **F** || 10 autem **AEOPST** *post* umquam **R** an **F** || 13 dolori *om.* **A** | fuit publicanis **ET** publicanis fuit **AFOPRS** | eum **AEFOPRS** cum **T** || 14 ipsum **OPS** *om.* **ER** illum **AFT** | communis **AEPT** cum minus **FORS** | communis . . . 16 lingua *secl. Reinhardt 1903, 4–5, sed cf. contra AKlotz in app.* | in aliis **AEFRT** malus **OS** male **P** || 16 promptum **AEFOPRS** protum **T** | iudices **AEOPRST** uidelicet **F** || 17 ex **AEOPRST** per **F** || 18 ego . . . p. 18,1 dicunt *Schol. Bob.* | ego . . . p. 18, 3 conferuntur *secl.Königshoff 14* || 19 aut[1] *Schol. Bob.* **ET** *om.* **AFOPRS** || 20 si *Schol. Bob.* **EFOPRST** etsi **A** | at tamen *Schol. Bob.* **AEORST** actamen **F** actum **P**

quisque dixit, me id dixisse dicunt. ego autem, siquid est quod mihi scitum esse videatur et homine ingenuo dignum atque docto, non aspernor, stomachor vero cum aliorum non me digna in me conferuntur. nam quod primus scivit legem de publicanis tum cum vir amplissimus consul id illi ordini per populum dedit, quod per senatum si licuisset dedisset, si in eo crimen est quia suffragium tulit, quis non tulit publicanus? si quia primus scivit, utrum id sortis esse vis an eius qui illam legem ferebat? si sortis, nullum crimen est in casu; si consulis, splendor etiam Planci hunc a summo viro principem esse ordinis iudicatum.

15
36 Sed aliquando veniamus ad causam. in qua tu nomine legis Liciniae, quae est de sodaliciis, omnis ambitus leges complexus es. neque enim quicquam aliud in hac lege nisi editicios iudices es secutus. quod genus iudiciorum si est aecum ulla in re nisi in hac tribuaria, non intellego quam ob rem senatus hoc uno in genere tribus edi voluerit ab accusatore, neque eandem editionem transtulerit in ceteras causas, de ipso denique ambitu reiectionem fieri voluerit iudicum alternorum, cumque nullum genus acerbitatis praetermitteret, hoc tamen unum praetereundum puta-
37 rit. quid? huiusce rei tandem obscura causa est, an et agitata tum cum ista in senatu res agebatur, et disputata hesterno die copiosissime a Q. Hor-

1 me id *Schol. Bob.* **AFOPRST** id me **E** | siquid **AOS** siquod **EFPRT** || 2 esse *post* uideatur **R** | homine **AFOPRST**[1] hominem **E** homini **T**[ac] | ingenuo **AFOPRST** ingenio **E** || 3 stomachor uero **AFOPRS** stomachor **ET** sed stomachor *Cobet 320* || 4 nam ... 6 dedisset *Schol. Bob., cf. Garatoni apud Lemaire 1828, 4, 615–619* | sciuit **AEFOPRST** sciui *Schol. Bob.* || 5 id **AEFOPRST** *om. Schol. Bob.* | illi ordini *Schol. Bob.* **EFOPRST** ordini illi **A** || 6 si in eo **AFOPRST** sineo **E** || 7 publicanus **AEFPST** publicanis **R** | si **EFOPRST** sed **A** | primus **EPT** primum **AFORS** | sortis esse **AEFOPST** fortis esset **R** | uis **AFOPRST** eius **E** || 8 sortis **AEFOPST** fortis **R** | casu **AOPRS** casum **EFT** || 9 si **AEOPRST** sin **F** | splendor etiam Planci] ⟨statuis⟩ etiam *Clark* ('splendor Planci *e margine irrepsisse videtur*') *qui Planc. 14, 49, 96 laudat* | hunc] tunc *Cobet 320* | esse **ET** *om.* **AFOPRS** || 12 quae est de sodaliciis *del. Bake 270* | sodaliciis **AEPRS** solatiis **T** solidaciis **FO** | leges **S** legis **AEFOPRT** | neque ... 13 secutus es *Schol. Bob.* neque ... secutus *Serv. ecl. 3, 50 add. Masvic.* || 13 aliud **AEFOPRST** aluit *Schol. Bob.* | es secutus **AFOPRS** esse secutus **ET** secutus es *Schol. Bob.* secutus *Serv.* assecutus *Cobet 231* || 14 iudicum *Lambin quod prob. Cobet 320* iudici *Wunder, Comm. 117, cf. contra AKlotz in app.* | ulla] nulla *Fabricius dett. secutus* | in[2] **EPRT** *om.* **AFOS** | tribuaria **EST** tribunaria **P** tributaria **AFOR** || 16 de ipso *post* denique **A** || 16. 17 in ipso ... iudicio de ambitu *prop. Lambin* || 17 reiectionem **ET** de reiectione **AOPRS** | uoluerit **AFOPRST** uoluit **E** | iudicum **ET** iudicium **AFOPRS** iudiciorum *Madvig 1884, 148–149, qui et Vatin. 27 laudavit*: alternorum consiliorum reiectio, *sed cf. Schol. Bob. ad Vatin. 27* || 18 putarit **EFOPRST** putauit **A** || 19 huiusce **ET** huius **AFOPRS** | tandem **ET** *om.* **AFOPRS** | tum **ET** *om.* **AFOPRS** || 20 hesterno **AEOPST** externo **FR** | copiosissime **ET** copiosius **AFOPRS**

tensio, cui tum est senatus adsensus? hoc igitur sensimus: 'cuiuscumque tribus largitor esset, et per hanc consensionem quae magis honeste quam vere sodalitas nominaretur, quam quisque tribum turpi largitione corrumperet, eum maxime iis hominibus qui eius tribus essent esse notum.' ita putavit senatus, cum reo tribus ederentur eae quas is largitione devinctas haberet, eosdem fore testis et iudices. acerbum omnino genus iudicii, sed tamen, si vel sua vel ea quae maxime esset cuique coniuncta tribus ederetur, vix recusandum. tu autem, Laterensis, quas tribus edidisti? 16 38
Teretinam credo. fuit certe id aecum et certe expectatum est et fuit dignum constantia tua. cuius tu tribus venditorem et corruptorem et sequestrem Plancium fuisse clamitas, eam tribum profecto, severissimorum praesertim hominum et gravissimorum, edere debuisti. at Voltiniam; lubet enim tibi nescioquid etiam de illa tribu criminari. hanc igitur ipsam cur non edidisti? quid Plancio cum Lemonia, quid cum Ufentina, quid cum Clustumina? nam Maeciam, non quae iudicaret, sed quae reiceretur, esse voluisti. dubitatis igitur, iudices, quin vos M. Laterensis suo iudicio 39
non ad sententiam legis, sed ad suam spem aliquam de civitate delegerit? dubitatis quin eas tribus in quibus magnas necessitudines habet Plancius, cum ille non ediderit, iudicarit officiis ab hoc observatas, non largitione

1 tum **AEPRST** tamen **FO** *del. Keil 8–9, fortasse recte; prob. Schroeder 17, cf. contra AKlotz in app.* | cuiuscumque] cuius quisque *Cobet 320–321* || 2 et *del. Ernesti dett. secutus quod prob. Baiter, Cobet 320–321* | hanc **ET** *om.* **AFOPRS** | consensionem quae **ERT** consensionemque **AFOPS** | magis **E** magna **T** magistratuum **AFOPRS** || 2.3 honeste quam uere **ET** honestaque **A** honesteque **FOPRS** quae honeste *Novagero* || 3 quam quisque . . . corrumperet *del. Cobet 320–321* || 4 eum **AEFOPS** cum **RT** | iis *Carbo* eis *Clark* his **AEFOPRST** *del. Cobet 321* | esse **EFOPRST** esset **A** || 5 eae **EFOPST** hoc **R** hae **A** | is **EFOPRS** hi **A** his **T** || 6 haberet **AEOPRST** habere **F** | iudici *Wunder* || 7 ⟨cui⟩ *post* si *suppl. Cobet 321, sed cf. contra AKlotz qui recte* ⟨cui⟩ *supervacaneum putat propter* cuique | vel sua *om.* **O** || 8 ⟨reo⟩ recusandum *Busche 1912, 346* | edidisti **EFOPRST** edisti **A** || 9 teretinam **EPT** terentinam **AFORS** | id **AEOPRST** ad **F** | et[1] **AOPRS** est **EFT** | certo *Orelli 1825 sed in ed. Turicensi 1826* certe *prob., cf. Wunder, Comm. 120* || 10 venditorem] emptorem *Dubois, sed cf. contra Ernesti* || 11 tribum *del. Cobet 321, cf. contra Schroeder 22* || 12 debuisti **EFOPRST** uoluisti **A** | uultiniam **T** uolitiniam **AEFOPRS** | lubet **T** iubet **F** licet **R** *om.* **A** libet **EOPS** || 13 enim **AEFOPRS** etenim **T** *quod prob. Garatoni et Wunder* || 14 edidisti **EFPRST** edisti **AO** | lemonia **AEFOPST** clemonia **R** | quid[2] **ET** *om.* **AFOPRS** | ufentina **ET** bientina **S** mentina **A** uientina **FOPR** Veientina *Novagero ex dett.* Oufentina *Baiter inscriptionum auctoritate, cf. Degrassi 213, 515, 606, 912, 1248, sed vide Fayer 191* || 15 clustumina **EFOPRS** clustutina **T** dustamina **A** Crustumina *Wunder dett. secutus, cf. Kubitschek 38 et Fayer 190–191* | maeciam **E** ui etiam **R** III etiam **FO** terram etiam **A** tertiam etiam **PS** etiam **T** | non quae **ET** quae non **AFOPRS** | iudicaret **AEFPRST** iudicarent **O** | reiceretur **EFPRST** reiceret **A** reicerentur **O** || 16 iudices **AEOPRST** uidelicet **F** || 17 ad *om.* **A** | spem *om.* **O** || 19 officiis **EFOPRST** ob officiis **A** | ab **AEFOPST** ad **R**

corruptas? quid enim potes dicere, cur ista editio non summam habeat
40 acerbitatem, remota ratione illa quam in decernendo secuti sumus? tu
deligas ex omni populo aut amicos tuos aut inimicos meos aut denique
eos quos inexorabilis, quos inhumanos, quos crudelis existimes; tu me
ignaro necopinante inscio notes et tuos et tuorum amicorum necessarios
vel iniquos vel meos vel etiam defensorum meorum, eodemque adiungas
quos natura putes asperos atque omnibus iniquos. deinde effundas re-
pente, ut ante consessum meorum iudicum videam quam potuerim qui
essent futuri suspicari, apud eosque me ne quinque quidem reiectis, quod
in proximo reo de consilii sententia constitutum est, cogas causam de for-
41 tunis omnibus dicere? non enim, si aut Plancius ita vixit ut offenderet
sciens neminem, aut tu ita errasti ut eos ederes inprudens, ut nos invito
te tamen ad iudices, non ad carnifices veniremus, idcirco ista editio per
se non acerba est.
17 An vero nuper clarissimi cives nomen editici iudicis non tulerunt, cum
ex CXXV iudicibus principibus equestris ordinis quinque et LXX reus
reiceret, quinquaginta referret, omniaque potius permiscuerunt quam ei
legi condicionique parerent: nos neque ex delectis iudicibus, sed ex omni
populo, neque editos ad reiciendum, sed ab accusatore constitutos iudices
42 ita feremus ut neminem reiciamus? neque ego nunc legis iniquitatem que-
ror, sed factum tuum a sententia legis doceo discrepare. et illud acerbum

1 corruptas **ET** *om.* **AFOPRS** | quid **ET** quin **FRS** quidni **OP** quando **A** | potes *Wunder, Comm. 122, cf. Planc. 7* potest **AEFOPRST** | habeat **ET** habet **AFOPRS** || 2 in decernendo **AEOPRST** deinde cernendo **F** || 3 deligas **EF** deligis **OPS** delegis **A** diligas **T** | inimicos **AEOPRST** amicos **F** || 4 inexorabilis (-es) **AEOPRST** in execrabiles **F** | tu . . . 7 iniquos *del. Wunder, Prolegomena LX–LXI, prob. Cobet 322–323, Campe 268–269* | tu **AEFORST** tum **P** || 5 inscio *dett.* in sieco **T** in suto **S** in sicio **P** in sicco **AEFOR** in secreto *Bagatto* in sinu *Schütz* invito *Koepke* | notes] convoces *Clark* | et[2] *om.* **R** | amicorum **ET** *om.* **AFOPRS** | necessarios **AEFORST** necessariorum **P** || 6 vel[1] *om.* **P** et *Garatoni* | iniquos **AEFORST** quos iniquos **P** inimicos *Garatoni dett.* (**F_1K**) *secutus quod prob. Cobet 322 qui post* inimicos *secl.* vel *ut in dett.* (**F_1**) | vel[2] *om. dett. cf. supra, rec. Novagero* || 7 deinde **AEFOPST** denique **R** || 8 consessum **EOST** concessum **AFPR** | meorum **EFT** eorum **AOPRS** | iudicum **EST** iudicium **AFOPR** || 9 aput . . . 11 causam dicere *Schol. Bob., cf. Garatoni apud Lemaire 1828, 4, 620–623* | eosque *Schol. Bob.* **AOPRS** eos qui **EFT** || 10 consilii sententia *Schol. Bob.* **AEOPRST** consiliis sententias **F** || 10. 11 de fortunis omnibus *om. Schol. Bob.* || 11 non . . . 14 est *Schol. Bob.* || 12 tu ita *Schol. Bob.* **EFOPRST** ita tu **A** | ederes *post* inprudens **O** ederens *Schol. Bob.* || 13 ad[1] **AEFOPRST** at *Schol. Bob.* | ad[2] **AEFOPRST** ut *Schol. Bob.* | editio *Schol. Bob.* **EFOPRST** conditio **A** || 15 an . . . tulerunt *Schol. Bob.* | editici **ET** editicii *Garatoni* editicium *Schol. Bob.* edicti **A** editi **FOPRS** || 16 reus **AFOPRST** reos **E** || 17 reiceret **AEFOPST** eiceret **R** | referret] ferret *Gronov quod prob. Lehmann 217–218* retineret *Cobet 323* | permiscuerunt] permiserunt *Ernesti* || 18 delectis **AEFOPS** delictis **T** dilectis **R** || 19 reiciendum **S** resciendum **ET** reficiendum **AFOPR** | constitutos **AEFORST** restitutos **P** || 20 reiciamus **AFOPRS** resciamus **ET** || 21 doceo **AEFOPRS** deceo **T**

iudicium si, quemadmodum senatus censuit populusque iussit, ita fecisses, ut huic et suam et ab hoc observatas tribus ederes, non modo non quererer, sed hunc iis iudicibus editis qui idem testes esse possent absolutum putarem. neque nunc multo secus existimo. cum enim has tribus edidisti, ignotis te iudicibus uti malle quam notis indicavisti; fugisti sententiam legis, aequitatem omnem reiecisti, in tenebris quam in luce causam versari maluisti. 'Voltinia tribus ab hoc corrupta, Teretinam habuerat 43 venalem. quid diceret apud Voltiniensis aut apud tribulis suos iudices?' immo vero tu quid diceres? quem iudicem ex illis aut tacitum testem haberes aut vero etiam excitares? etenim si reus tribus ederet, Voltiniam fortasse Plancius propter necessitudinem ac vicinitatem, suam vero certe edidisset. et si quaesitor huic edendus fuisset, quem tandem potius quam hunc C. Alfium quem habet, cui notissimus esse debet, vicinum tribulem gravissimum hominem iustissimumque edidisset? cuius quidem aequitas et ea voluntas erga Cn. Planci salutem, quam ille sine ulla cupiditatis suspicione prae se fert, facile declarat non fuisse fugiendum tribulis huic iudices cui quaesitorem tribulem exoptandum fuisse videatis. neque ego 18 44 nunc consilium reprehendo tuum, quod non eas tribus quibus erat hic maxime notus edideris, sed a te doceo consilium non servatum senatus. etenim quis te tum audiret illorum, aut quid diceres? sequestremne Plancium? respuerent aures, nemo agnosceret, repudiarent. an gratiosum? illi libenter audirent, nos non timide confiteremur. noli enim putare, La-

2 huic **ET** hanc **A** hunc **FOPRS** in hunc *Novagero* | obseruatas tribus **ET** seruatas **AFOPRS** | ederes **ET** ederent **AFOPRS** || 3 quererer **EFPS** querer **ORT** | hunc **EFOPRST** hanc **A** | iis **T** his **EF** *om.* **AOPRS** | idem testes **ET** testes idem **AFOPRS** || 4 nunc *post* multo **A** || 5 malle **EFOPST** male **AR** | notis **EFOPRST** uotis **A** | indicauisti **OT** indicasti **P** iudicauisti **AEFS** || 6 causam *post* uersari **R** || 7 teretinam **EFOST** terentinam **APR** || 8 uoltiniensis **AEFOPRS** ueltioriensis **T** | apud² **ET** *om.* **AFOPRS** | uoltiniensis *ante* tribulis *add.* **T** || 9 quem] quum *Rau 2, 83–85* | haberes **AEFOPRS** habere se **T** || 10 tribus **AFOPRST** tribum **E** || 11 necessitudinem ... uicinitatem **ET** uicinitatem ... necessitudinem **AFOPRS** | ac **AEFOPRS** aut **T** et *Orelli* | suam *om.* **A** | uero **AEFORST** *del. Wunder* non **P** | certe **ET** *om.* **AFOPRS** || 12 et **AOPRS** ut **EFT** vel *Keil 9–10* aut *Halm* ac *prop. in app. AKlotz* | huic **ET** *om.* **AFOPRS** | quem **AEOPRST** quam **F** || 13 C. Alfium] C. Flavium *Greffe, sed cf. contra Garatoni* | quem habet *del. Cobet 323, def. Schroeder 23* || 14 edidisset **AEFOPST** edidisti **R** || 15 ea **EOT** mea **AFR** meae **S** meae similis **PS²** || 16 fugiendum tribulis **F** *cf. Scaur. 13* fugiendos tribulis **ET** fugiendum tribulem **AOPRS** || 17 iudices **ET** uidelicet **F** iudicem **AOPRS** | quaesitorem **AEOPRS** quaestorem **FT** | neque ... 19 senatus *del. Campe 269* || 18 non **APR** *post* edideris *transp. Orelli* *om.* **EFOST** || 18.19 erat hic maxime notus **ET** hic maxime notus eras **S** hic maxime notus erat **AFOPR** || 20 tum **EOPT** cum **FS** tam **A** non **R** | diceres **AEFOPRS** diceret **T** || 21 respuerent **AOPRS** respuerint **EFT** | agnosceret **EFOT** ignosceret **APRS** | repudiarent **ET** audiretur **F** repudiaretur **AOPRS** *del. Wunder, Comm. 133–134 quod prob. Keil 12 et Schroeder 17* || 22 nos *om.* **R** | non *om.* **P** | timede **T** | confiteremur **AEFORST** confitemur **P**

terensis, legibus istis, quas senatus de ambitu sanciri voluerit, id esse actum ut suffragatio, ut observantia, ut gratia tolleretur. semper fuerunt
45 viri boni qui apud tribulis suos gratiosi esse vellent; neque vero tam durus in plebem noster ordo fuit, ut eam coli nostra modica liberalitate noluerit, neque hoc liberis nostris interdicendum est ne observent tribulis suos, ne diligant, ne conficere necessariis suis suam tribum possint, ne par ab iis munus in sua petitione respectent. haec enim plena sunt offici, plena observantiae, plena etiam antiquitatis. isto in genere et fuimus ipsi, cum ambitionis nostrae tempora postulabant, et clarissimos viros esse vidimus, et hodie esse volumus quam plurimos gratiosos. decuriatio tribulium, discriptio populi, suffragia largitione devincta severitatem senatus et bonorum omnium vocem ac dolorem excitarunt. haec doce, haec profer, huc incumbe, Laterensis, decuriasse Plancium, conscripsisse, sequestrem fuisse, pronuntiasse, divisisse: tum mirabor te iis armis uti quae tibi lex dabat noluisse. tribulibus enim iudicibus non modo severitatem illo-
46 rum, si ista vera sunt, sed ne vultus quidem ferre possemus. hanc tu rationem cum fugeris cumque eos iudices habere nolueris, quorum in huius delicto cum scientia certissima, tum dolor gravissimus esse debuerit, quid apud hos dices qui abs te taciti requirunt, cur sibi hoc oneris inposueris, cur se potissimum delegeris, cur denique se divinare malueris quam eos
19 qui scirent iudicare? ego Plancium, Laterensis, et ipsum gratiosum esse

1 sanciri *Manuzio* sancire **AEFOPRST** | uoluerit **AEFOPRS** ualuerit **T** || 2 suffragatio **AEFOPRS** suffragio **T** || 3 uiri boni **ET** boni uiri **AFOPRS** | gratiosi **AEFOPRS** gratios **T** | uero **AEFOS** enim **P** enim uero **R**^ac^ *om.* **T** || 4 coli **EFOPRST** tolli **A** | modica **AEFPRST** a modo **O** | liberalitate **EFOPS** libertate **ART** | noluerit **EFOPRT** uoluerit **AS** || 5 neque **AEFOPRS** meque **T** || 6 conficere **EFT** reficere **AOPRS** | suis *om.* **P** | iis **T** his **AEFOPRS** || 7 munus **AEOPRST** minus **F** | respectent **AEFOPRST** *propter clausulam prob. Busche 1912, 346* exspectent *Lambin, Cobet 323–324, Karsten 20* || 8 antiquitatis] humanitatis *Campe 269, cf. contra Karsten 20–21* | fuimus **AEFOPRS** fugimus **T** || 9 nostrae **ET** nostra **AFOPRS** || 10 hodie **AEFOPRS** ae hodie **T** | uolumus **AEFORST** uidemus **P** *prob. Novagero et al., cf. Cobet 324* | gratiosos *del. Wunder, Comm. 134 quod prob. Keil 13, Schroeder 17–18, sed cf. contra propter clausulam AKlotz in app.* | decuriatio **AEFOPRS** decuratio **T** | tribulium *Carbo* tribulum **AEFOPRST** || 11 discriptio *Buecheler 598–599* descriptio **AEFOPRST** || 12 vocem *conieci, cf. Sest. 60* uim **AEFOPRST** iram *Cobet 1854, 231* odium *Mueller* | excitarunt **EORS** excitarent **AFPT** || 14 te iis (*vel* his) **AOPRS** telis **ET** | uti quae **AOPRS** utique **EFT** || 15 noluisse **AEFOPT** uoluisse **RS** || 16 uultus **AEFOPRS** uultis **T** | tu rationem **AOPRS** iurationem **ET** ui rationem **F** || 17 fugeris **EFOPRS** fugetis **T** fugere **A** | cumque **AEFOPRS** tu **T** cum *Kayser* | eos *ed. Lugdunensis apud S. Gryphe a. 1536 impressa* hos **AEFOPRST** || 18 cum **FOPST** tum **AER** | scientia] conscientia *dett. III familiae, Cobet 1854, 231–232* | tum **AEFPRT** cum **S** tamen **O** | dolor **AEFOPRS** dolorum **T** || 19 dices **AEOPRST** iudices **F** | sibi hoc **EFT** hoc sibi **AOPRS** || 20 se^2 **AEOPRST** si **F** || 21 -um Laterensis . . . p. 23, 5 -tiosum e- **B** | [gratiosu]m **B**

dico et habuisse in petitione multos cupidos sui gratiosos; quos tu si sodalis vocas, officiosam amicitiam nomine inquinas criminoso; sin quia gratiosi sint accusandos putas, noli mirari te id, quod tua dignitas postularit, repudiandis gratiosorum amicitiis non esse adsecutum. nam ut ego 47
doceo gratiosum esse in sua tribu Plancium, quod multis benigne fecerit, pro multis spoponderit, in operas plurimos patris auctoritate et gratia miserit, quod denique omnibus officiis per se, per patrem, per maiores suos totam Atinatem praefecturam conprehenderit, sic tu doce sequestrem fuisse, largitum esse, conscripsisse, tribulis decuriavisse. quod si non potes, noli tollere ex ordine nostro liberalitatem, noli maleficium putare esse gratiam, noli observantiam sancire poena.

Itaque haesitantem te in hoc sodaliciorum tribuario crimine ad communem ambitus causam contulisti, in qua desinamus aliquando si videtur vulgari et pervagata declamatione contendere. sic enim tecum ago: quam 48
tibi commodum est, tribum unam delige; tu doce, id quod debes, per quem sequestrem, quo divisore corrupta sit; ego, si id facere non potueris, quod ut opinio mea fert ne incipies quidem, per quem tulerit docebo. estne haec vera contentio? placetne sic agi? num possum magis pedem conferre ut aiunt aut propius accedere? quid taces, quid dissimulas, quid tergiversaris? etiam atque etiam insto atque urgeo, insector posco atque

1 [in peti]tione **B** in petitione **AEOPRS** in petitionem **T** impositionem **F** | sui **AEFOPRST** ui **B** | gra[tiosos q]uos **B** || 2 [officios]am **B** | [inquina]s **B** inquinas *om.* **A** | criminoso **AEFOPST** criminosa **B** uitioso **R** || 3 gra[tiosi sint e]xcusandos **B** | sint **EFOPST** sunt **AR** | mirari te **AEFPRST** [mirari te] **B** me **O** | postularit **EFOPRST** [postulari]t **B** postulauerit **A** || 4 gratioso[rum amici]tiis **B** | nam **ET** iam **AFOPR** || 4.5 [nam ut ego doceo gra]tiosum e[sse] **B** || 5 esse *secl. Wunder* | in sua **ET** *om.* **AFOPRS** | tribu **EFORT** tribum **P** tribubus **S** tribulibus *Novagero* || 6 multis **AEFOPRS** multos **T** | spoponderit **EFPRST** sposponderit **A** sponderit **O** | plurimos **AEFPRST** plurimas **O** || 7 per^2 *om.* **T** || 8 suos . . . 13 caus- **B** | atinatem **ABEFOPRS** per annatem **T** | pr[aefecturam] **B** | conprehenderit **AEFOPRST** conprehenderi **B** | doce sequestrem **FOPRS** doces equestrem **ET** (aequestrem **T**) doces sequestrem **A** do[ce seques]trem **B** || 9 ess[e conscrip]sisse **B** | decuriaui[sse quod] **B** || 10 nolli **B** | toller[e ex ordi]ne **B** | liberalitatem **ABEFOPST** libertatem **R** | liberalitate[m noli ma]leficium **B** || 11 g[ratiam] **B** | noli . . . poena *Arus. gramm. 7, 511, 10* (*ex Sull.*) | obseruantiam **AEFOPRST** *Arus. gramm.* obseruantia **B** | sanc[ire poena] **B** || 12 haesitantem **AEFRS** haesitante **BOP** hesiante **T** | te *om.* **B** | s[odaliciorum] **B** | tribuario **EFOPRST** tribunario **AB** || 12.13 [communem am]bitus caus[am] **B** || 15 commodum est **AE^{1}OPRST** commodum sit **E^{ac}** commodis est **F** | tribum unam **ET** unam tibi bene **F** unam tribum **AOPRS** | delige **EFOPRST** deligere **A** | *post* delige *interpunxit Wunder, post* tu *Novagero* || 16 ego **AEFOPRS** ergo **T** | non *om.* **A** | potueris **AEFOPST** poteris **R** || 17 quod . . . quidem *del. Reinhardt 1903, 5–6* | quem] quae *Dubois ex dett.* qu⟨os⟩ e⟨a⟩m *Karsten 21* || 18 -ne **AFOPRST** si est **E** | num **EFT** non **AOPRS** || 19 conferre **AEFPRS** *om.* **O** ferre **T** | aut **AEFOPRS** ut **T** || 20 tergiuersaris *ex* tergauersaris **P^1** | atque^1 *om.* **R** | insector **AFOPRS** insequor **E** insertor **T**

adeo flagito crimen. quamcumque tribum, inquam, delegeris, quam tulerit Plancius, tu ostendito si poteris vitium; ego qua ratione tulerit docebo. neque erit haec alia ratio Plancio ac tibi, Laterensis. nam ut quas tribus tu tulisti, si iam ex te requiram, possis quorum studio tuleris explicare, sic ego hoc contendo me tibi ipsi adversario, cuiuscumque tribus rationem poposceris, redditurum.

20 49 Sed cur ego sic ago? quasi non comitiis iam superioribus sit Plancius designatus aedilis. quae comitia primum habere coepit consul cum omnibus in rebus summa auctoritate, tum harum ipsarum legum ambitus auctor; deinde habere coepit subito praeter opinionem omnium, ut, ne si cogitasset quidem largiri quispiam, daretur spatium conparandi. vocatae tribus, lata suffragia, diribita, renuntiata. longe plurimum valuit Plancius. nulla largitionis nec fuit nec esse potuit suspicio. ain tandem? una centuria praerogativa tantum habet auctoritatis, ut nemo umquam prior eam tulerit quin renuntiatus sit aut iis ipsis comitiis consul aut certe in illum annum: aedilem tu Plancium factum esse miraris, in quo non exigua pars populi, sed universus populus voluntatem suam declararit, cuius in honore non unius tribus pars, sed comitia tota comitiis
50 fuerint praerogativa? quo quidem tempore, Laterensis, si id facere vo-

1 adeo **EOPRS** ideo **FT** ardeo **A** | quamcumque **AEOPRST** quodcumque **F** || 2 tulerit[1] **AEOPRST** tulit **F** | poteris **AFOPRST** potueris **E** || 3 neque **ET** nec **AFOPRS** | tibi **ET** *om.* **AFOPRS** | laterensis **EFT** laterensi **AO PRS** | ut **ET** *om.* **S** in **AFOPR** || 4 tu *om.* **A** *ante* quas *transp. Halm* | si iam **ER** sic iam **S** suam **FOT** tuam **P** sententia **A** | posses *Novagero* || 5 sic **AEFOPRT** sicque **S** | ipsi *om.* **A** | adversario *secl. Kayser, sed cf. contra AKlotz* | cuiuscumque **AOPRS** cuiusque **EFT** || 7 ego **AOS** *om.* **EFPRT** *prob. Greffe, sed cf. contra Wunder, Comm. 138* | quasi **EFOPRST** quam si **A** | comitiis **AEF ORS** cometiis **P** commotus **T** | sit **AFOPRS** si **ET** || 8 cum omnibus **AEPST** communibus **F** tum omnibus **OR** || 9 tum harum **AEOT** tum earum **PRS** turbarum **F** || 10 opinionem omnium **AEFOPRS** opinionionem **T** | ut] et *AKlotz* (*errore typogr. ?*) || 11 largiri quispiam **ET** quispiam largiri **AFOPRS** | conparandi **AEOPRST** comparanda **F** | uocatae **AEOPRST** nocere **F** || 12 lata suffragia *conieci* latum suffragium **AEFORST** late suffragium **P** | diribita, renuntiata *conieci* diribitae, renuntiatae **ET** diripite, renuntiate **F** rescripte, renuntiate **P** descripte, renuntiate **ORS** descripte, denuntiate **A** diribitae ⟨tabellae⟩ *Wunder, Comm. 139* diribitae ⟨tabellae⟩, renuntiatae *AKlotz* || 13 ain **ET** an **AFOPRS** || 14 praerogatiua **EFOPRST** prerogatam **A** | umquam *post* prior **R** || 15 prior *post* ipsis *transp. Paul, cf. contra AKlotz* | ⟨tu⟩ aut[1] *Novagero, cf. contra Wunder, Comm. 139–140* | iis **T** is **A** his **EFOPRST** | consul **AEFOT** consularibus **PRS** || 16 certe **AEFOPRT** certum **S** | illum **AEOPRST** illis **F** | tu *om. Novagero dett. III familiae secutus* | esse *om.* **R** || 17 suam **EFOPRS** *om.* **A** tuam *in* suam **T**[1] | declararit **EFORST** declarat **P** declarauit **P**[2] declarauerit **A** || 18 sed comitia **AEFOPRS** comitio **T** || 19 fuerint **FOPRS** fuerit **ET** | praerogatiua **EFOT** rogata **A** prorogata **S** praerogata **PR** | laterensis si id **ET** si id laterensis **AFOPRS**

luisses, aut si gravitatis esse putasses tuae quod multi nobiles saepe fecerunt, ut, cum minus valuissent suffragiis quam putassent, postea prolatis comitiis prosternerent se et populo Romano fracto animo atque humili supplicarent, non dubito quin omnis ad te conversura fuerit multitudo. numquam enim fere nobilitas, integra praesertim atque innocens, a populo Romano supplex repudiatast. sed si tibi gravitas tua et magnitudo animi pluris fuit, sicuti esse debuit, quam aedilitas, noli, cum habeas id quod malueris, desiderare id quod minoris putaris. equidem primum ut honore dignus essem maxime semper laboravi, secundum ut existimarer; tertium mihi fuit illud quod plerisque primum est, ipse honos, qui iis denique debet esse iucundus, quorum dignitati populus Romanus testimonium, non beneficium ambitioni dedit.

Quaeris etiam, Laterensis, quid imaginibus tuis, quid ornatissimo atque 21 51
optimo viro patri tuo respondeas mortuo. noli ista meditari atque illud cave potius ne tua ista querella dolorque nimius ab illis sapientissimis viris reprendatur. vidit enim pater tuus Appium Claudium nobilissimum hominem vivo fratre suo potentissimo et clarissimo civi C. Claudio aedilem non esse factum et eundem sine repulsa factum esse consulem; vidit hominem sibi maxime coniunctum egregium virum L. Volcacium, vidit M. Pisonem ista in aedilitate offensiuncula accepta summos a populo Romano esse honores adeptos. avus vero tuus et P. Nasicae tibi aediliciam praedicaret repulsam, quo cive neminem ego statuo in hac re publica fortiorem, et C. Mari, qui duabus aedilitatis acceptis repulsis

1 esse *post* putasses **P** || 2 ualuissent **AEOPRST** ualuisses **F** || 3 comitiis **AEOPRST** comitis **F** || 4 non dubito . . . multitudo *Arus. gramm. 7, 462, 21–22* | non dubito **AEFOPRS** nunc habito **T** | ⟨se⟩ *post* omnis *add. Cobet 324* ⟨se⟩ *post* te *add. Mueller* | conuersura se S^2 *mg* || 5 numquam . . . 6 supplex *Schol. Bob.* | fere **ET** *om. Schol. Bob.* **AFOPRS** | integra *Schol. Bob.* **AEFORS** integer **PT** || 6 romano **AEFOPRST** *om. Schol. Bob.* | repudiata est **E** repudiata sunt **T** repudiata fuit **AFOPRS** | sit ibi **T** || 7 pluris *post* fuit **O** | sicuti **ET** sicut **AFOPRS** | sicuti . . . debuit *del. Koenigshoff 15, sed cf. contra AKlotz* || 9 secundum *prop. Clark* secundo **AEFOPRST** secundo ⟨loco⟩ *Hirschfelder* || 10 qui iis **E** qui his **AOPRS** qui is **T** quis **F** || 11 populus romanus **AEOPRST** populi r. **F** || 14 ista **EFPRST** illa **AO** || 15 dolorque *ex* dolor atque A^1 || 16 reprendatur *Zielinski 177 propter clausulam* reprehendatur **AEFORST** reprehendantur **P** | uidit **AEOPS** uicit **FRT** || 17 fratre *Borghesi, cf. inscriptionum testimonium apud Mueller LXIX* patre **AEFOPRST** | nobilissimo *post* suo *add.* **P** | et **EFOPRST** atque **A** | ciui **EFOPRST** ciue **A** | claudio **AEFOT** clodio **PRS** || 19 uidit **AEOPRST** uide **F** || 20 uidit **AEOPRST** uidelicet **F** | ista . . . accepta *Prisc. gramm. 11, 108, 18* | ista in *Prisc. gramm.* **ET** in ista **AFOPRS** | offensiuncula **EFOPRST** offensumcucula **A** || 21 honores **AEFOPRS** hominesnores **T** | auus . . . 22 repulsam *Schol. Bob.* | et p. **EFOPRST** r. p. **A** | nasicae tibi **AEFOPRST** nasica ibi *Schol. Bob.* || 22 praedicaret *Schol. Bob.* **AEOPRST** predicare **F** | ciue **EFOPRST** ciuem **A** | statuo **AEFOPST** studeo **R** || 23 fortiorem **AEFOPRS** fortitorem **T** | aedilitatis acceptis repulsis **AFOPRST** aedilitatibus repulsus **E**

septies consul est factus, et L. Caesaris Cn. Octavi M. Tulli, quos omnes
52 scimus aedilitate praeteritos consules esse factos. sed quid ego aedilicias
repulsas colligo? quae saepe eiusmodi habitae sunt ut iis qui praeteriti
essent benigne a populo factum videretur. tribunus militum L. Philippus
summa nobilitate et eloquentia, quaestor C. Caelius clarissimus ac for-
tissimus adulescens, tribuni plebis P. Rutilius Rufus C. Fimbria C. Cassi-
us Cn. Orestes facti non sunt, quos tamen omnis consules factos scimus
esse. quae tibi ultro pater et maiores tui non consolandi tui gratia dicent,
neque vero quo te liberent aliqua culpa quam tu vereris ne a te suscepta
videatur, sed ut te ad istum cursum tenendum quem a prima aetate
suscepisti cohortentur. nihil est enim, mihi crede, Laterensis, de te de-
tractum. ⟨detractum⟩ dico? si me hercule vere quod accidit interpretari
22 velis, est aliquid etiam de virtute significatum tua. noli enim existimare
non magnum quendam motum fuisse illius petitionis tuae, de qua ne
aliquid iurares destitisti. denuntiasti homo adulescens quid de summa
re publica sentires, fortius tu quidem quam nonnulli defuncti honoribus,
53 sed apertius quam vel ambitionis vel aetatis tuae ratio postulabat. quam
ob rem in dissentiente populo noli putare nullos fuisse quorum animos
tuus ille fortis animus offenderet; qui te incautum fortasse nunc tuo loco
demovere potuerunt, providentem autem et praecaventem numquam
certe movebunt.

An te illa argumenta duxerunt? 'dubitatis' inquit 'quin coitio facta sit, cum tribus plerasque cum Plotio tulerit Plancius?' an una fieri potuerunt si una tribus non tulissent? 'at nonnullas punctis paene totidem.' quippe

1 et l. caesaris **EFOPRST** n. cesari · s · **A** | octaui **AEOPRST** optauii aut **F** || 2 ego *om.* **R** || 3 eiusmodi **EFOPRST** huius modi **A** | iis **PT** his **AEFORS** || 4 benigne **AEFOPRS** benigni **T** || 5 quaestor **AEFOPRS** quaesitor **T** | C. *Manuzio* q. **AEFOPRST** || 6 p. **ET** *om.* **AFOPRS** || 7 sunt *om.* **F** | quos . . . 8 esse *Schol. Bob.* | non sunt *post* tamen *suppl.* **R** | factos scimus *Schol. Bob.* **AFOPRST** scimus factos **E** || 8 maiores **AFOPRS** maioris **ET** | tui² *del. Cobet. 324, cf. contra Schroeder 23, AKlotz* | dicerent *Novagero dett. III familiae secutus* || 9 quam] quae *Mueller* || 10 istum cursum **ET** cursum istum **AFOPRS** || 12 ⟨detractum⟩ *suppl. Angeli* (**K** *secutus ?*) | si me **AEFOPRS** sisne **T** | hercule **AEFPRT** herculis **OS** hercules *Novagero dett. III familiae secutus* | interpretari **AEFOST** interpretare **P** interpetrari **R** || 13 aliquid *post* etiam **R** | noli . . . 15 destitisti *Schol. Bob.* || 14 motum **AEFOPRST** uotum *Schol. Bob.* || 15 quid **AEOPRST** qui **F** || 16 re publica **ET** rei p. **AOPRS** | iam *post* quidem *add.* **P** || 18 animos **AEFORST** animus **P** || 19 incautum fortasse **AEORST** fortasse offenderet incautum **F** incautum fuisse fortasse **P** || 20 demouere **AEORST** dimouere **FP** | prouidentem **AEFOPRS** prouidentiam **T** | autem **EFPT** ante **AORS** | numquam **AFOPRS** nunc quam **ET** || 21 demovebunt *Ernesti* || 22 an . . . 23 Plancius *Schol. Bob.* | an te **AEFOPST** ante **R** | duxerunt **AEOPRST** dixerunt **F** | dubitatis **AEFOPRST** dubitabitis *Schol. Bob.* | inquit *del. Cobet 324, sed cf. contra Schroeder 23, AKlotz* | coitio *Schol. Bob.* **AEFPRST** tortio **O** || 23 an una **ET** an uero **P** anima **FOR** an non **S** an **A** || 24 at *Cratander* an **AEFOPRST** cum *Novagero*

cum iam facti prope superioribus comitiis declaratique venissent. quam-
quam ne id quidem suspicionem coitionis habuerit. neque enim umquam
maiores nostri sortitionem constituissent aediliciam, nisi viderent acci-
dere posse ut competitores pares suffragiis essent. et ais prioribus comi- 54
tiis Aniensem a Plotio Pedio, Teretinam a Plancio tibi esse concessam;
nunc ab utroque eas avulsas, ne in angustum venirent. quam convenit
nondum cognita populi voluntate hos quos iam tum coniunctos fuisse
dicis iacturam suarum tribuum, quo vos adiuvaremini, fecisse; eosdem,
cum iam essent experti quid valerent, restrictos et tenacis fuisse? etenim
verebantur credo angustias. quasi res in contentionem aut in discrimen
aliquod posset venire. sed tamen tu A. Plotium virum ornatissimum in
idem crimen vocando indicas eum te arripuisse a quo non sis rogatus.
nam quod questus es plures te testes habere de Voltinia quam quot in
ea tribu puncta tuleris, indicas aut eos testis te producere qui, quia num-
mos acceperint, te praeterierint, aut te ne gratuita quidem eorum suf-
fragia tulisse. illud vero crimen de nummis, quos in circo Flaminio depre- 23 55
hensos esse dixisti, caluit re recenti, nunc in causa refrixit. neque enim
qui illi nummi fuerint nec quae tribus nec qui divisor ostendis. atque is
quidem eductus ad consules, qui tum in crimen vocabatur, se inique a tuis
iactatum graviter querebatur. qui si erat divisor, praesertim eius quem
tu habebas reum, cur abs te reus non est factus? cur non eius damnatione
aliquid ad hoc iudicium praeiudicii comparasti?

1 facti **P**² factis **AEFOPRST** | quamquam **AEFOPST** quam quod **R** || 2 coitionis **AFRST** comitiis **E** tortionis **OP** || 3 sortitionem **AEFOPRS** sortionem **T** | uiderent **AEFOPRST** vidissent *Koepke del. Cobet 325* || 4 posset *Cobet* || 5 aniensem **EFPST** amensem **O** anensem **R** a. mensem **A** | a¹ *om.* **S** | plotio pedio **ET** potius plodio **AFS** potius plocio **O** plotio **P** plotio plodio **R** | teretinam **ET** terentinam **AFOPRS** | a² **PR** *om.* **AEFOST** || 6 eas **AEFOST** esse **P** eas esse **R** | quam **AEOPRST** quacque **F** | conuenit **EFOPRST** uenit **F** cum uenit **A** || 7 nondum **EFOPST** nundum **AR** | iam **EFOPRS** tam **T** || 8 fecisse **AEFOPRS** fuisse **T** || 9 restrictos **AEFOPST** rescriptos **R** || 11 posset **AFOPRST** possent **E** | tamen *om.* **R** | tu *om.* **P** | a. **E** am **T** an **AFOPRS** | plotium **AEFOST** plantium **P** plontium **R** || 12 uocando **EFT** uocandum **AOPRS** | indicas *Garatoni* iudicas **AEFOPRST** | ⟨an dicis⟩ *post* iudicas *suppl. Novagero* | rogatus **AEFOPRST** *def. Koepke, Taylor 1964, 24 n. 35* provocatus *Karsten 21* interrogatus *Clark* || 13 plures te **EFO** te plures **P** plures **RST** | testes **AEFORST** questus **P** | ⟨e Voltinia⟩ de Voltinia *Schneider 16* | quot **FOPRS** quod **AET** || 14 tribu *post* puncta **F** | indicas *Angeli* iudicas **AEFOPRST** | producere **ET** adducere **AFOPRS** | nummos **AEFPST** minimos **OR** || 15 acceperint **EFORST** ceperunt **A** acceperunt **P** | praeterierint **AEFORST** preterierunt **P** | ne **EFOPRST** non **A** || 16 nummis **AEFPST** mimis **OR** || 17 re **AEOPRS** *om.* **FT** || 18 nummi **AEFPRST** mimi **O** | ostendis **ET** ostenderis **AFOPRS** | atque **AEFOPST** at **R** atqui *Hirschfelder* || 19 quidem eductus **FOPRST** qui de me ductus **E** quidem adductus **A** | tum **EFOPRST** cum **A** || 20 iactatum **EPS** iacturam **AFORT** || 21 cur² . . . 22 comparasti *Schol. Bob.* | non² *om.* **T** | damnatione **AEFOPRST** damnationi *Schol. Bob.* || 22 ad *Schol. Bob.* **AEFOPRS** ab **T**

Sed neque tu haec habes neques eis confidis. alia te ratio, alia cogitatio ad spem huius opprimendi excitavit. magnae sunt in te opes, late patet gratia; multi amici, multi cupidi tui, multi fautores laudis tuae. multi huic invident, multis etiam pater optimus vir nimium retinens equestris iuris et libertatis videtur; multi etiam communes inimici reorum omnium, qui ita semper testimonium de ambitu dicunt, quasi aut moveant animos iudicum suis testimoniis aut gratum populo Romano sit aut ab eo facilius

56 ob eam causam dignitatem quam volunt consequantur. quibuscum me, iudices, pugnantem more meo pristino non videbitis; non quo mihi fas sit quicquam defugere quod salus Planci postulet, sed quia neque necesse est me id persequi voce, quod vos mente videatis, et quod ita de me meriti sunt illi ipsi quos ego testis video paratos, ut eorum reprehensionem vos vestrae prudentiae adsumere, meae modestiae remittere debeatis. illud unum vos magnopere oro atque obsecro, iudices, cum huius quem defendo, tum communis periculi causa, ne fictis auditionibus, ne disseminato dispersoque sermoni fortunas innocentium subiciendas putetis.

57 multi amici accusatoris, nonnulli etiam nostri iniqui, multi communes obtrectatores atque omnium invidi multa finxerunt. nihil est autem tam volucre quam maledictum, nihil facilius emittitur, nihil citius excipitur, latius dissipatur. neque ego, si fontem maledicti reperietis, ut neglegatis aut dissimuletis umquam postulabo. sed si quid sine capite manabit aut erit eiusmodi ut non extet auctor, qui audierit, aut ita neglegens vobis esse videbitur, ut unde audierit oblitus sit, aut ita levem habebit auctorem, ut memoria dignum non putarit, huius illa vox vulgaris 'audivi' ne quid innocenti reo noceat oramus.

1 haec habes **ET** habes hoc **S** habes haec **AFOPS** haec ⟨magni⟩ habes *Karsten 21–22* haec exhibes *Clark* || 3 fautores **AEOPRST** fauores **F** || 5 reorum $\mathbf{P}^2$ reum **T** rerum **AEFOPRS** || 6 moueant **AEOPRST** moueantur **F** mouerant **P** || 7 iudicum **ET** *om.* **AFOPRS** | suis testimoniis *secl. Wunder* | populo romano **AEOPRST** populum r. **F** || 8 quibuscum ... 10 postulet *Schol. Bob.* | me *Schol. Bob.* **AEFOPRS** ne **T** || 9 iudices **AEOPRST** uidelicet **F** | more meo *Schol. Bob.* **ET** meo more **AFOPRS** | quo] quod *Novagero dett. III familiae secutus* || 10 defugere *Schol. Bob.* effugere **AEFOPRST** | planci **AEOPRST** plancio **F** || 12 sunt **AEFOPRS** sint **T** | testis **AEFOPRS** testi **T** || 13 modestiae **AEFOPRS** molestiae **T** || 14 iudices **AEOPRST** uidelicet **F** | cum **EFOST** tum **APR** || 15 tum **AEOPRST** tunc **F** || 16 sermoni **AFOPRS** sermone **ET** || 17 multi ... 18 finxerunt *del. Reinhardt 1903, 14–15* | accusatoris **AOPRS** accusatores **EFT** | iniqui **EFOPRST** iniqui uel inimici **A** inimici *Lambin* || 18 obtrectatores **AEFORST** arbitratores **P** | finxerunt **AEOPRST** fixerunt **F** | autem **AEFRST** enim **P** || 19 nihil² *del. Wunder* || 20 reperietis **AEFOPRS** repperietis **T** || 21 umquam **AEFPS** aimquam **T** numquam **R** *om.* **O** || 22 aut ... auctor *secl. Schneider 16* | erit *Wunder* quod erit **EOT** quid erit **FPRS** siquid erit **A** | qui ⟨autem⟩ audierit *Baiter* ⟨si⟩ qui audierit *Koepke, Schneider 16* qui audierit ⟨autem⟩ *Holden* | ita **EPST** *om.* **F** ille **A** illa **OR** || 23 uobis **EFOPRST** nobis **A** || 24 putarit **EFOPRST** putauerit **A** | vox *om.* **T** || 25 audiui **ET** auditu **AFOPS** iudicii auditu **R** | nequid **AEORST** nequidem **F** neque **P** | innocenti reo **ET** reo innocenti **OS** re innocenti **AFPR**

Sed venio iam ad L. Cassium familiarem meum, cuius ex oratione ne 24 58
illum quidem Iuventium tecum expostulavi, quem ille omni et humanitate et virtute ornatus adulescens primum de plebe aedilem curulem factum esse dixit. in quo, Cassi, si ita tibi respondeam, nescisse id populum Romanum, neque fuisse qui id nobis narraret, praesertim mortuo Congo, non ut opinor admirere, cum ego ipse non abhorrens a studio antiquitatis me hic id ex te primum audisse confitear. et quoniam tua fuit perelegans et persubtilis oratio, digna equitis Romani vel studio vel pudore, quoniamque sic ab his es auditus, ut magnus honos et ingenio et humanitati tuae tribueretur, respondebo ad ea quae dixisti, quae pleraque de ipso me fuerunt. in quibus ipsi aculei, si quos habuisti in me reprehendendo, tamen mihi non ingrati acciderunt. quaesisti utrum mihi 59
putarem equitis Romani filio faciliorem fuisse ad adipiscendos honores viam an futuram esse filio meo, quia esset familia consulari. ego vero quamquam illi omnia malo quam mihi, tamen honorum aditus numquam illi faciliores optavi quam mihi fuerunt. quin etiam, ne forte ille sibi me potius peperisse iam honores quam iter demonstrasse adipiscendorum putet, haec illi soleo praecipere – quamquam ad praecepta aetas non est grandis –, quae rex ille a Iove ortus suis praecipit filiis: 'vigilandum est semper; multae insidiae sunt bonis' – nostis cetera; nonne? 'id quod multi

1 iam *om.* **T** | familiarem **ET** ad familiarem **AFOPRS** | oratione **EFOPRST** ornatione **A** || 2 expostulaui **AEFOPRST** *def. Wunder, Comm. 156 et Rau 2, 202–203* expostulabo *Bagatto quod prob. Ernesti, Schuetz, Campe 269* expostulaverim *Weiske* || 2.3 humanitate et uirtute **E** humilitate et uirtute **T** uirtute et humanitate **AFOPRS** || 3 de plebe *post* aedilem **R** || 4 factum *post* esse **A** | in . . . 6 conco *Schol. Bob.* | ita *post* tibi *Schol. Bob.* | ita **EOP** eta **T** illa **ARS** ista **F** || 5 neque fuisse qui id (quid *Schol. Bob.*) *Schol. Bob.* **EFOPRS** neque id fuisse qui **T** | nobis *Schol. Bob.* **EFOPRST** uobis **A** | narraret *Schol. Bob.* **EOPRST** narrare **F** narret **A** || 6 Congo *Roth 615, cf. Lucil. 596* conco *Schol. Bob.* longe **E** long. **T** longino **AFOPRS** | admirarere *Novagero* || 7 hic **EFOPST** huius **A** hoc **R** | primum audisse **AEFOPRS** audisse primum **T** | confitear **AFOPRST** confiteor **E** | tua *post* fuit **A** || 8 et **ET** ac **AFOPRS** | ⟨contra quem agebas⟩ *suppl. post* Romani **A**[2] *mg* | pudore] sudore *Koch 285, cf. contra Mueller LXX* || 9 quoniamque sic **EFOPST** sic *ante* auditus **R** quoniamque erit **A** | honos **AEFOPRS** hono **T** || 10 pleraque **AEFOPR** pluraque **S** plerique **T** || 11 ipso **AEFOPRS** ipsos **T** | me[1] **ET** fine **AFOPRS** | ipsi **AEFOPRS** ipsa **T** || 12 utrum . . . 13 faciliorem *om.* **A** || 14 quia] qui *Fabricius* | familia **AFOPRST** e familia **E** | consulari **AEFORST** consulari paterne **P** || 16 illi *post* 15 tamen **AFOPRS** | faciliores **AFOPRS** facilioris **ET** | forte *post* ille **F** || 18 soleo **EFOPRST** soli **A** || 19 grandis *RKlotz 1865, 803–804* grauis **E** gnarus **T** gnati **P** gnatus **R** generatus **S** gnatis **AFO** *del. Orelli quod prob. Cobet 325 et Madvig 1873, 231* | quae rex *RKlotz* quare **EFOT** quod **S** quae **APR** | praecipit **T** praecepit **AEFOPRS** | vigilandum . . . 20 bonis *Acc. trag. 214, cf. Sest. 102* || 20 nostis *Angeli* nostris **AEFOPRST** nosti *Orelli* | nostis cetera nonne *del. Koepke* | cetera **EFT** ceteraque **AOPRS** | nonne *ex* non me **F**[1] | nonne . . . p. 30, 1 invideant *del. Madvig 1873, 231* | id quod] iis, quibus *Fabricius* sed quod *Koepke* | id . . . p. 30, 1 invi-

invideant . . .' quae scripsit gravis et ingeniosus poeta, scripsit non ut illos regios pueros qui iam nusquam erant, sed ut nos et nostros liberos ad laborem et ad laudem excitaret.

60 Quaeris quid potuerit amplius assequi Plancius, si Cn. Scipionis fuisset filius. magis aedilis fieri non potuisset, sed hoc praestaret, quod ei minus invideretur. etenim honorum gradus summis hominibus et infimis sunt 25 pares, gloriae dispares. quis nostrum se dicit M'. Curio, quis C. Fabricio, quis C. Duellio parem, quis Atilio Calatino, quis Cn. et P. Scipionibus, quis Africano Marcello Maximo? tamen eosdem sumus honorum gradus quos illi adsecuti. etenim in virtute multi sunt ascensus, ut is maxime gloria excellat, qui virtute plurimum praestet; honorum populi finis est consulatus. quem magistratum iam octingenti fere consecuti sunt. horum si diligenter quaeres, vix decimam partem reperies gloria dignam. sed nemo umquam sic egit ut tu: 'cur iste fit consul? quid potuit amplius si L. Brutus esset qui civitatem dominatu regio liberavit?' honore nihil amplius, laude multum. sic igitur Plancius nihilominus quaestor est factus et tribunus plebis et aedilis quam si esset summo loco natus, sed 61 haec pari loco orti sunt innumerabiles alii consecuti. profers triumphos T. Didi et C. Mari et quaeris quid simile in Plancio. quasi vero isti quos

deant *Acc. trag. 215* *del. Orelli* *post* **20** bonis *transp. Clark qui post* nonne *subdistinxit et post* **3** excitaret *signum interrogationis posuit, sed cf. contra Busche 1912, 346–347 qui ordinem traditum rest. subdistinctionem del. sed signum interrogationis rec., transpositionem Clarkii et interpunctionem Busche rec. Grimal; cf. Vahlen 331–332*

1 invideant *edd.* uideant **AEFOPRST** | cetera *post* invideant *add. Koepke* | quae] qui *Vahlen, cf. supra* | et **EFOPRST** et ille **A** ille et *Novagero dett. secutus* | scripsit^2 *del. Carbo* (**M** *secutus ?*) *quod prob. Orelli, Wunder, Cobet 325–326, Madvig 1873, 231, sed cf. contra Schroeder 23–24 qui Sest. 78 et Mil. 86 recte laudavit* | non ut **AEOPRST** nouit **F** || **3** ad^2 **EFT** *om.* **AOPRS** || **5** filius **AEFOPRS** filius et filius **T** | praestaret **EFT** praestare **AOPRS** praestare potuisset A^2 || **6** honorum *post* gradus **A** | summis *et* et infimis *secl. Reinhardt 1903, 6–7* | hominibus **AEFOPRS** honoribus hominibus **T** || **7** dispares **AEFOPRS** sunt dispares **O** dissipares **T** | nostrum **AEOPRST** uestrum **F** || **8** C. Duellio *Orsini* duellio **T** p. duellio **AEFOPRS** C. Duilio *Wunder* | ⟨A.⟩ Atilio *Kayser* | calatino **AFOPRST** calatine **E** | cn. **AEFORST** c. **P** || **9** tamen **EFT** *om.* **AOPRS** | sumus **AFÒP^2RST** summos **EP** || **10** etenim **EFT** est enim **AOPRS** | multi sunt **ET** multis **AFOPRS** | ascensus **AEOPR** assensus **S** accensus **F** adsensus **T** || **10.11** maxime gloria **ET** gloria maxime **AFOPS** gloria magis **R** || **11** honorum . . . **12** consulatus *cf. Auson. grat. act. 25* || **12** iam **EFOPST** *om.* **A** *post* quem **R** || **13** quaeres **EFT** quaeras **AOPRS** | reperies **FR** repperis **OT** reperis **AEPS** reperias *Novagero* (*α* **X** *secutus ?*) || **14** egit **AEFORST** egerit **P** | fit **FOPRS** sit **ET** fuit **A** || **15** l. **AEFOPST** lucius **R** | nihil **AEFOPRS** mult nihil **T** || **16** sic] sit *Rau 1, 163*, est *deleto* || **17** sed] haec *Rau 1, 163* || **19** t. **AFOPRST** titi **E** Tib. *Fabricius* | didi **EFT** *lac.* **OS** *om.* **APR** Gracchi *Novagero* (L_3 *secutus ?*) | c. **AFOPRST** caii **E** | quid ⟨sit⟩ *Baiter*

commemoras propterea magistratus ceperint quod triumpharint, et non quia commissi sunt iis magistratus [in quibus] re bene gesta triumpharint. rogas quae castra viderit: qui et miles in Creta hoc imperatore et tribunus in Macedonia militum fuerit, et quaestor tantum ex re militari detraxerit temporis, quantum in me custodiendum transferre maluerit. quaeris 62
num disertus sit. immo – id quod secundum est – ne sibi quidem videtur. num iuris consultus. quasi quisquam sit qui sibi hunc falsum de iure respondisse dicat. omnes enim istiusmodi artes in iis reprehenduntur qui, cum professi sunt, satisfacere non possunt, non in iis qui se afuisse ab istis studiis confitentur. virtus probitas integritas in candidato, non linguae volubilitas, non ars, non scientia requiri solet. ut nos in mancipiis parandis quamvis frugi hominem si pro fabro aut pro tectore emimus, ferre moleste solemus, si eas artes, quas in emendo secuti sumus, forte nesciverit, sin autem emimus, quem vilicum imponeremus, quem pecori praeficeremus, nihil in eo nisi frugalitatem laborem vigilantiam esse curamus, sic populus Romanus deligit magistratus quasi rei publicae vilicos; in quibus si quae praeterea est ars, facile patitur, sin minus, virtute eorum et innocentia contentus est. quotus enim quisque disertus, quotus quisque iuris peritus est, ut eos numeres qui volunt esse? quodsi praeterea nemo est honore dignus, quidnam tot optimis et ornatissimis civibus est futurum?

1 magistratus *dett. III familiae* (**$A_5L_3L_6$**) magg. **ET** magis **AFOPRS** *cf. Rau 2, 163–165* | ceperint **ET** *lac.* **OS** *om.* **FR** laude fuerint digni **P** laude fuerint **A** laudem ceperint *Rau, cf. supra* | quod triumpharint *del. Rau* | triumpharint **ET** triumpharat **R** triumphauerant **A** triumpharant **FOPS** *cf. Vahlen 324* triumpharunt *Novagero dett. III familiae secutus* | ⟨triumpharint⟩ *post* non *suppl. Vahlen* || 2 quia *del. Garatoni 1815* | sunt] sint *Garatoni* (*si* quia *del.*), *Rau* | in quibus *del. Garatoni 1786 quod prob. Orelli, Wunder, Comm. 164, Keil 12* | ⟨triumpharent⟩ *post* quibus *suppl. Wex 268* | triumpharint *Garatoni* triumpharent **AEFOPRST** | ⟨propterea triumpharint⟩ *post* triumpharent *suppl. Mueller* || 3 ⟨Metello⟩ *ante* hoc *add. Novagero* (*quod post* imperatore *in* **F_1** *legitur*) ⟨Q. Metello⟩ *post* hoc *add. Campe 269–270* | hoc **EFORST** huius **A** huius hoc **P** | imperatore **EFORST** imperatoris **P** in patre **A** || 4 militum *del. Wunder, Comm. 165–166 quod prob. Cobet 326–327, Campe 270 sed recte ref. Schroeder 24 et Vahlen 324* || 5 temporis *om.* **R** | transferre **AEFORST** ferre **P** || 6 num **AEOPRST** non **F** | sit **ET** *om.* **AFOPRS** || 7 consultus **AEOPRST** consulatus **F** | falsum **AEFOPRS** salsum **T** || 8 iis *edd.* his **AEFOPRST** | reprehenduntur] requiruntur *Cobet 327, Madvig 1887, 149, sed cf. contra Mueller LXX* || 9 sunt **AEFPRST** fuerint **O** | satis **AEFOPRS** fatis **T** | iis **AFOPRST** his **E** | se **ET** *om.* **AFOPRS** *post* afuisse *Fabricius* || 10 integritas *om.* **R** | candidato **AFOPRST** candidatio **E** || 12 tectore **EFT** textore **AOPRS** | emimus **AEOPS** eminus **FRT** || 13 moleste **AEFPRST** modeste **O** | si **EFOPRST** sed si **A** || 14 nesciuerit **AOPRS** nesciunt **EFT** | emimus **AEOPST** eminus **FR** | quem^1 **AEFOPRT** quam **S** || 16 magistratus … 17 virtu- *om.* **T** || 17 siquae **EFRST** siqua **AOP** | sin **AEFOPST** si **R** || 18 eorum **AFOPRST** forum **E** | et *om.* **A** || 19 uolunt **AFOPT** nolint **E** nolunt **RS** || 20 nemo est **EP**^{2} *mg* **S**^{2} *mg* **T** *om.* **AFOPRS** | est honore *del. Wunder* | nemo *post* dignus *Novagero dett. III familiae secutus* | ornatissimis **AEFOPRS** ordinatissimis **T**

26
63 Iubes Plancium de vitiis Laterensis dicere. nihil potest nisi eum nimis in se iracundum [putabis] fuisse. idem effers Laterensem laudibus. facile patior id te agere multis verbis quod ad iudicium non pertineat, et id te accusantem tamdiu dicere quod ego defensori sine periculo possim confiteri. atqui non modo confiteor summa in Laterense ornamenta esse, sed te etiam reprehendo quod ea non enumeres, alia quaedam inania et levia conquiras. 'Praeneste fecisse ludos.' quid? alii quaestores nonne fecerunt? 'Cyrenis liberalem in publicanos, iustum in socios fuisse.' quis negat? sed ita multa Romae geruntur, ut vix ea quae fiunt in provinciis audiantur.
64 Non vereor ne mihi aliquid, iudices, videar adrogare, si de quaestura mea dixero. quamvis enim illa floruerit, tamen eum me postea fuisse in maximis imperiis arbitror, ut non ita multum mihi gloriae sit ex quaesturae laude repetendum. sed tamen non vereor ne quis audeat dicere ullius in Sicilia quaesturam aut clariorem aut gratiorem fuisse. vere me hercule hoc dicam: sic tum existimabam, nihil homines aliud Romae nisi de quaestura mea loqui. frumenti in summa caritate maximum numerum miseram; negotiatoribus comis, mercatoribus iustus, mancipibus liberalis, sociis abstinens, omnibus eram visus in omni officio diligentissimus; excogitati quidam erant a Siculis honores in me inauditi. itaque hac spe decedebam ut mihi populum Romanum ultro omnia delaturum
65 putarem. at ego cum casu diebus iis itineris faciendi causa decedens e pro-

1 nihil **AEPST** nil **FOR** | nisi *om.* **R** | eum **AEFPRS** cum **OT** || 2 in se **EF OPST** esse **A** *post* eum **R** | putabis **AEFPRST** putabit **O** *del. Guilielmus def. Ernesti, sed cf. contra Wunder, Comm. 169–170 quem prob. Keil 12 et Schroeder 18–19* putavisse [fuisse] *Clark* fortassis *temptavit in app. AKlotz* | effers **AEF OPRS** ut fers **T** ecfers *Garatoni* || 3 quod **AEFOPRT** quo **S** || 4 defensori **E** defensor **AFOPRST** defensurus *RKlotz* | possim **EFOPT** possum **ARS** || 5 atqui **AEFPRST** atque **O** | non *bis* **P** | confiteor . . . esse *Prisc. gramm. 2, 335, 10* | laterense *Prisc. gramm.* **EFOPRST** laterensi **A** || 6 enumeres **AEFPRS** numeres **O** enumeras **T** || 7 conquiras **AEFOPRST** conquiris *Halm, cf. contra AKlotz* | praeneste **AFOPRS** pranestae **T** || 10 non . . . 11 dixero *Schol. Bob.* | uidear **AEFOPRST** uideas *Schol. Bob.* | adrogare *Schol. Bob.* **ET** arrogasse **AFOPRS** || 11 enim *om.* **A** | floruerit **EFOPST** floruit **AR** || 12 imperiis **EFT** *om.* **AOPRS** rebus *Novagero dett.* (**N**F_1^2) *secutus* | multum mihi **AET** mihi multum **FOPRS** | gloriae **EFT** *om.* **AOPRS** || 13 laude **AEFOPRS** laudandae **T** | repetendum **AFOPRST** repetundum **E** || 14 clariorem aut gratiorem (grationem **T**) **ET** gratiorem aut clariorem **AFOPRS** graviorem aut clariorem *Fabricius* (*β secutus ?*) || 14. 15 me hercule **AEFOPRST** mehercules *Novagero dett.* (**D**F_1**r**) *secutus* || 15 tum *post* existimabam **A** | ⟨umquam⟩ aliud *Novagero* | aliud *post* romae **O** || 17 iustus **AEFOPRS** iustis **T** | mancipibus **ET** municipibus **AFO PRS** || 18 omnibus **AEFOPS** ab omnibus **T** omnis **R** | uisus **AFOPRST** usus **E** | omni **AEOPRST** omnibus **F** || 19 siculis **EFOPRST** siculi **A** | honores *om.* **S** | in me **ET** *om.* **AFOPRS** || 20 decedebam **EFOPRS** decebam **T** docebam **A** discedebam *Fabricius* | popolum romanum **AEOPRS** populi r. **T** populus r. **F** || 21 putarem **AEFOPST** putaui **R** | cum *om.* **A** | iis **T** his **AEFOPRS** | decedens e provincia *del. Campe 270* (F_1 *secutus ?*) | e **EFOPRST** ex **A**

vincia Puteolos forte venissem, cum plurimi et lautissimi in his locis solent esse, concidi paene, iudices, cum ex me quidam quaesisset, quo die Roma exissem, et num quidnam esset novi. cui cum respondissem me de provincia decedere: 'etiam me hercule' inquit 'ut opinor ex Africa.' huic 27
ego iam stomachans fastidiose: 'immo ex Sicilia' inquam. tum quidam quasi qui omnia sciret: 'quid? tu nescis' inquit 'hunc quaestorem Syracusis fuisse?' quid multa? destiti stomachari et me unum ex iis feci qui ad aquas venissent.

Sed ea res, iudices, haut scio an plus mihi profuerit quam si mihi tum 66
essent omnes gratulati. nam posteaquam sensi populi Romani auris hebetiores, oculos autem esse acris atque acutos, destiti quid de me audituri essent homines cogitare; feci ut postea cotidie praesentem me viderent, habitavi in oculis, pressi forum; neminem a congressu meo neque ianitor meus neque somnus absterruit. etquid ego dicam de occupatis meis temporibus, cui fuerit ne otium quidem umquam otiosum? nam quas tu commemoras, Cassi, legere te solere orationes, cum otiosus sis, has ego scripsi ludis et feriis, ne omnino umquam essem otiosus. etenim M. Catonis illud quod in principio scripsit Originum suarum, semper magnificum et praeclarum putavi, 'clarorum hominum atque magnorum non minus

1, 2 in his locis solent esse **ET** esse solent in his locis **A** solent esse in his locis **FOPRS** || 2 iudices **AEOPRST** uidelicet **F** | ex *om.* **A** || 3 roma **AEFORST** romam **P** | numquidnam **ET** nunquid mea **F** numquid in ea **AOPRS** | esset **AEOPRST** esse **F** | cum *om.* **T** | me de *Freund, cf. AKlotz* mea e **AEFOPRS** mea **T** me e *Fabricius dett. III familiae secutus* (**LMNgt**) || 4 decedere **AEFOPRS** decere **T** | me hercule **EFOPRST** me herculis **A** mehercules *Novagero dett.* (**Xr**) *secutus* | inquit **AEFOP²RS** inquid **PT** || 5 ex sicilia **AEFOPRS** exicilia **T** | inquam tum **EOPRS** inquit tum **F** in quantum **AT** || 6 quasi **EFOPRS** *om.* **AT** | inquit **AEFPRS** *om.* **O** inquid **T** | quaestorem syracusis **ET** syracusis quaestorem **AFOPRS** || 7 stomachari **EFOPRST** stomacatum **A** | ex *om. Fabricius* | iis *edd. ex dett.* his **AEFOPRST** || 9 sed . . . 10 gratulati *Schol. Bob.* | haut **ET** aut *Schol. Bob.* haud **AFOPRS** | an plus **AEOPRST** an pluris *Schol. Bob.* amplius **F** | profuerit **AEFOPRST** fuerit *Schol. Bob.* || 10 gratulati *Schol. Bob.* **ET** congratulati **AFOPRS** | populi romani **EFRT** populum romanum **AOPS** populo Romano *Orelli, cf. contra AKlotz* || 11 hebetiores **AEFOPRS** hebitiores **T** | autem esse **ET** *om.* **AFOPRS** | acutos **EFT** acutos habere **AOPRS** | audituri **AEFOPST** auditur **R** || 12 praesentem *post* me *Novagero dett. III familiae* (**CLMXr**) *secutus* || 13 forum *Bagatto* eorum **AEFOPRST** | a congressu **AOPRST** aggressu **F** a congressum **E** || 14 somnus **EFOPST** sonus **AR** | absterruit **EFOPST** absterint **A** obsteruit **R** | etquid **AEFOPRST** ecquid *Clark ex vett. editionibus* sed quid *Lambin* || 15 cui **EFOPRST** cum **A** | ne otium **ET** negotium **AFOPRS** | quidem *om.* **S** | umquam **AEFRT** numquam **OPS** || 16 legere **EFOPRST** legem **A** | has] eas *Baiter* | has . . . 17 otiosus *om.* **P** (**P²** *suppl. mg*) || 17 ludis **EFT** rudis **AOP²RS** | feriis **ET** ferus **AFOP²RS** | otiosus **AEFOPRT** occiosus **S** || 18 quod . . . suarum *susp. habuit Clark* | originum **AEFOPRS** originem **T** | suarum *del. Cobet 327–328* (**Mgt** *secutus ?*) || 19 clarorum **AEFOPRS** clarior **T** | hominum **ET** uirorum **AFOPRS**

otii quam negotii rationem extare oportere'. itaque si quam habeo lau-
dem, quae quanta sit nescio, parta Romae est, quaesita in foro; meaque
privata consilia publici quoque casus comprobaverunt, ut etiam summa
67 res publica mihi domi fuerit gerenda et urbs in urbe servanda. eadem igi-
tur, Cassi, via munita Laterensi est, idem virtutis cursus ad gloriam, hoc
facilior fortasse, quod ego huc a me ortus et per me nixus ascendi, istius
egregia virtus adiuvabitur commendatione maiorum.

Sed ut redeam ad Plancium, numquam ex urbe afuit nisi sorte lege
necessitate. non valuit rebus iisdem quibus fortasse nonnulli, at valuit
assiduitate, valuit observandis amicis, valuit liberalitate. fuit in oculis,
petivit, ea est usus ratione vitae qua minima invidia novi homines plurimi
28 68 sunt eosdem honores consecuti. nam quod ais, Cassi, non plus me Plancio
debere quam bonis omnibus, quod iis aeque mea salus cara fuerit, ego me
debere bonis omnibus fateor. sed etiam ii, quibus ego debeo, boni viri et
cives comitiis aediliciis aliquid se meo nomine Plancio debere dicebant.
verum fac me multis debere et in iis Plancio: utrum igitur me conturbare
oportet an ceteris, cum cuiusque dies venerit, hoc nomen quod urget nunc
cum petitur dissolvere? quamquam dissimilis est pecuniae debitio et gra-
tiae. nam qui pecuniam dissolvit, statim non habet id quod reddidit; qui
autem debet, is retinet alienum; gratiam autem et qui refert habet, et

1 quam negotii *om.* **S** | itaque **ET** iam **R** ita **AFOPS** || 2 est **AEFOPRS** test **T** | est *post* foro **P** || 3 quoque **AEFOPRS** quos **T** || 4 res publica **AEFOPST** rei publicae **R** | eadem . . . 6 ascendi *Schol. Bob.* || 5 laterensi *Schol. Bob.* **FOR** laterensis **AEPST** | uirtutis *Schol. Bob.* **AFOPRS** uirtuti **ET** | hoc *Schol. Bob.* **EFPRST** haec **A** || 6 a **AEFOPRST** ad *Schol. Bob.* | per *Schol. Bob.* **EFOPRST** pro **A** | me *Schol. Bob.* **EFOPRT** *om.* **AS** | nixus *Schol. Bob.* **AEFOPST** nissus **R** | istius *om.* **T** || 8 afuit *Baiter* affuit **A** is fuit **T** abfuit **EFOPRS** is afuit *Garatoni* | sorte **AEFRS** forte **OPT** || 9 valuit[1] . . . 10 assiduitate *om.* **T** | iisdem **EFOPS** hiis **R** his **A** || 10 ualuit[1] **ET** at ualuit **AFOPRS** | observandis *Novagero* adseruandis **ET** seruandis **AFOPRS** | amicitiis *Kraffert 119* || 11 fuit *ante* petiuit *add.* **T** | ea **ET** *om.* **AFOPRS** | uitae **ET** *om.* **AFOPRS** || 11.12 plurimi sunt **ET** plurimis **F** plurimi **RS** sunt *post* consecuti *transp.* **AOP** || 13 bonis omnibus **EOPRS** hominibus bonis **A** bonis hominibus **FT** | quod **AEFOPRS** quo **T** | iis **T** his **E** || 14 bonis omnibus **EFORST** omnibus bonis **AP** | ii **T** hi **AEFOPS** his **R** iis *Novagero* || 15 comitiis *post* aediliciis *Novagero dett. III familiae secutus* | aliquid *om.* **A** | plancio debere **ET** debere plancio **AFOPRS** || 16 me *post et ante* fac **T** | in *om.* **T** | iis **T** his **AEFOPRS** || 17 hoc] huic *Wunder, Comm. 176–177* hoc *def. Keil 7–8* | quod **EFT** quo **AOPRS** || 18 cum petitur **ET** competitor **AFOPRS** | quamquam . . . gratiae *Schol. Bob.* quamquam . . . p. 35, 3 accidisset *Gell. 1, 4, 2, cf. Non. 203* nam alia est debitio pecuniae, alia gratiae | pecuniae debitio *ex* fortunae debito *Schol. Bob.* | et **AEFOPST** ac **R** || 19 qui[2] . . . 20 alienum *del. Kraffert 119* || 19.20 qui autem debet *om.* **S** || 20 is *Gell.* **AEFPS** is qui **T** *om.* **R** aes **O** *Bussi, prob. Madvig 1873, 587 n. 1, sed ref. Mueller LXXI* | gratiam . . . p. 35, 1 refert *Schol. Bob. Gell. 1, 4, 6* | habet *post* gratiam *add.* **P** | et[1] *om.* **A** | habet **AFOPRST** chabet **E** | habet et qui *om. Schol. Bob.*

putarant, sed etiam defensor fuisset, huius in periculo non significarem dolorem meum? tu autem, Laterensis, qui tum lacrimas meas gratas esse dicebas, nunc easdem vis invidiosas videri?

Negas tribunatum Planci quicquam attulisse adiumenti dignitati 32 77 meae, atque hoc loco, quod verissime facere potes, Luci Racili fortissimi et constantissimi viri divina in me merita commemoras. cui quidem ego sicut Cn. Plancio numquam dissimulavi me plurimum debere, semperque prae me feram; nullas enim sibi ille neque contentiones neque inimicitias neque vitae dimicationes nec pro re publica nec pro me defugiendas putavit. atque utinam quam ego sum in illum gratus, tam licuisset per hominum vim et iniuriam populo Romano ei gratiam referre! sed si non eadem contendit in tribunatu Plancius, existimare debes non huic voluntatem defuisse, sed me, cum tantum iam Plancio deberem, Racili beneficiis fuisse contentum. an vero putas idcirco minus iudices mea 78 causa esse facturos, quod me esse gratum crimineris? an, cum patres conscripti illo senatus consulto quod in monumento Mari factum est, quo mea salus omnibus est gentibus commendata, uni Cn. Plancio gratias egerint – unus enim fuit de magistratibus defensor salutis meae –, cui senatus pro me gratias agendas putavit, ei ego a me referendam gratiam non putem? atque haec cum vides, quo me tandem in te animo putas

1 putarant *edd.* putarent **AEOPRS** putauerunt *in* putauerit **F**[1] | fuisset **AEOPRS** fuisse **F** | *inter* periculo *et* non *in* **E** *legitur* hic inter *et* 15 esse gratum ... p. 40, 8 uideri, m_{rec} *mg corr. crucibus* || 1. 2 non significarem dolorem meum **ET** non dolorem meum significarem **AFOPS** nam dolorem meum significarem **R** || 2 tu autem **AEOPST** tuam **F** || 4 quicquam **AEFOPST** quidquam **R** | attulisse **EFOPRST** tribuisse **A** || 5 luci **EFRT** l. **AOPS** || 6 cui **AOPRS** qui me **E** cui me **FT** || 7 sicut Cn. *Orelli* sicut in **AEFPST** sic in **OR** sicuti *Lambin* | semperque **AEFORST** semper **P** || 8 prae me feram **AFOPRS** praeferam **ET** || 9 nec[1] **EOST** neque **AFPR** | nec[2] **AEFOPST** ne **R** | defugiendas **AEFOPRS** diffugiendas **T** || 10 utinam **EFOPRST** nunc **A** | illum **AEFOPST** illo **R** || 11 populo r. **PT** p. r. **EORS** populi romani **AF** *susp. habuit Landgraf 116* | ei **AOPRS** et **EFT** | referre *Garatoni dett. secutus* (A_6? D_2) referri **AEFOPRST** || 13 sed ... 14 contentum *Schol. Bob.* | tantum *Schol. Bob.* **E** *om.* **AFOPRST** | racili *Schol. Bob.* p. marci racili **T** marci racilii **AEFOPRS** M. Racilii *Novagero dett. III familiae secutus* || 14 beneficiis **AEFOPRST** beneficii *Schol. Bob.* | an **AEFOPRT** at **S** | idcirco minus iudices *Baiter quod prob. Keil 12, Schroeder 20* idcirco minus libenter iudices **ET** iudices idcirco minus **AFOPRS** *lectione* **ET** *recepta* ⟨omnia⟩ *post* iudices *dub. in app. suppl. Clark* || 15 esse[1] **ET** *om.* **AFOPRS** | *post* me *in* **E** *legitur* p. 40, 9 sed ... | crimineris **AFOPRST** criminaris **E** | patres conscripti **E**[cp]**F**[cp]**T** populus r. **AOPRS** || 16 illo ... factum est *Schol. Bob.* | monumento *Schol. Bob.* **AFOPRS** monimento **ET** | mari *Schol. Bob.* **EFOPRST** marci **A** || 17 omnibus *post* est **P** | gentibus *om.* **P** | commendata **AEFOPRT** comendanda **S** | cn. **AEFOPRS** c. **T** || 18 egerint *Garatoni* (C_1 *secutus ?*) egerit **AEFOPRST** | de magistratibus **T** de magistratibus aut pro magistratibus **AEFOPRS** || 19 agendas *post* putauit **P** | ei *om.* **T** (*supra add.* **T**[1]) | referendam gratiam **AEFOPRS** referendas in gratiam **T** || 20 atque **AEFORST** atqui **P** | haec **ET** eum **AP** *om.* **FORS** | in te animo **ET** animo in te **AFOPRS**

esse, Laterensis? ullum esse tantum periculum, tantum laborem, tantam contentionem, quam ego non modo pro salute tua, sed etiam pro dignitate defugerem? quo quidem etiam magis sum non dicam miser – nam hoc quidem abhorret a virtute verbum –, sed certe exercitus, non quia multis debeo – leve enim est onus beneficii gratia –, sed quia saepe concurrunt propriae aliquorum bene de me meritorum inter ipsos contentiones, ut eodem tempore in omnis verear ne vix possim gratus videri.

79 Sed ego haec meis ponderibus examinabo, non solum quid cuique debeam, sed etiam quid cuiusque intersit, et quid a me cuiusque tempus
33 poscat. agitur studium tuum vel etiam si vis existimatio, laus aedilitatis. at Cn. Planci salus, patria, fortunae. salvum tu me esse cupisti: hic fecit etiam ut esse possem. distineor tamen et divellor dolore et in causa dispari offendi te a me doleo. sed me dius fidius multo citius meam salutem
80 pro te abiecero quam Cn. Planci salutem tradidero contentioni tuae. etenim, iudices, cum omnibus me virtutibus adfectum esse cupio, tum nihil est quod malim quam me et esse gratum et videri. haec enim est una virtus non solum maxima, sed etiam mater virtutum omnium reliquarum. quid est pietas nisi voluntas grata in parentes? qui sunt boni cives, qui belli, qui domi de patria bene merentes, nisi qui patriae beneficia memi-

1 ullum **AEOPRST** uulum **F** || 3 defugerem **AORS** defugerim **EFT** defenderem defugerem **P** defugiam *Reinhardt 1903, 7* (difugiam **C**^{1}) | quo ... 4 exercitus *Schol. Bob.* | quo *Schol. Bob.* **AEOPRST** quod **F** | etiam *post* magis **S** | nam *Schol. Bob.* **ET** natura **AFOPRS** || 4 hoc *Schol. Bob.* **E** *om.* **AFOPRST** | abhorret *Schol. Bob.* **AEFOPST** obiceret **R** | uerbum *Schol. Bob.* **ET** uerbis **F** uerbi **AOPRS** | non **AEFOPST** nam **R** || 5 est **ET** *om.* **AFOPRS** | gratia *del. Karsten 22–23, sed cf. contra AKlotz* | ⟨rationes⟩ *post* quia *suppl. Rossberg* ⟨nomina⟩ *post* quia *suppl. Clark* ⟨contraria studia⟩ *post* saepe *add. Sydow 1944, 188* || 6 concurrunt **ET** concurrit **AFOPRS** conturbor *Koch 16* contingit *vel* evenit *vel* fit *prop. Mueller* *lacunam post* concurrunt *susp. AKlotz* | propriae *Keil 10–12* propter **AEFOPRST** *del. Garatoni* (**C**$_1$ *secutus ?*) prope acie *Busche 1912, 347* | propter aliquorum *in* permultorum *coniecit Landgraf 116* *in* propter magnum numerum *Reinhardt 1903, 7–9* | bene **ET** *om.* **AFOPRS** | ipsos **AEFOPRST** ipsas **E**^{1} || 7 eodem **AEFOPST** eorum **R** | tempore **AEFOPST** temporum **R** | possim *post* gratus **A** || 9 ego haec **FT** haec ego **E** hoc **R** ego **A** ego hoc **OPS** | exanimabo **T** | cuique **EFOPRST** cui **A** || 10 etiam **AEFOST** *om.* **PR** || 11 laus aedilitatis *del. Mueller* | aedilitatis **EFORST** aedilitas **AP** sedulitatis *Jeep* || 12 cupiisti *temptavit in app. AKlotz* || 13 distineor **FORST** destineor **A** distentor **E** distrahor **P** || 15 abiecero **E** obiecero **AFOPRST** | salutem *om.* **R** || 16 iudices **EOPRST** uidi **A** uideri **F** | me uirtutibus **E** uirtutibus me **AFOPRST** | cupio **EFPRST** cupiam **AO** | tum **AEFPRST** tamen **O** || 17 quod **AEOPRST** quam **F** | malim **AEFPRST** malum **O** | esse gratum **ET** gratum esse **AFOPRS** | haec enim est **T** haec enim **R** est enim haec **E** haec est enim **AFOPS** || 19 quid est pietas *om.* **E** | pietas *bis* **T** | parentes **AEFOPRS** parentis **T** || 20 qui^2 *om.* **R**

nerunt? qui sancti, qui religionum colentes, nisi qui meritam dis immortalibus gratiam iustis honoribus et memori mente persolvunt? quae potest esse vitae iucunditas sublatis amicitiis? quae porro amicitia potest esse inter ingratos? quis est nostrum liberaliter educatus, cui non educa- 81 tores, cui non magistri sui atque doctores, cui non locus ipse ille mutus, ubi altus aut doctus est, cum grata recordatione in mente versetur? cuius opes tantae esse possunt aut umquam fuerunt quae sine multorum amicorum officiis stare possint? quae certe sublata memoria et gratia nulla extare possunt. equidem nihil tam proprium hominis existimo, quam non modo beneficio, sed etiam benivolentiae significatione alligari, nihil porro tam inhumanum, tam inmane, tam ferum quam committere ut beneficio non dicam indignus, sed victus esse videare. quae cum ita 82 sint, iam succumbam, Laterensis, isti tuo crimini, meque in eo ipso, in quo nihil potest esse nimium, quoniam ita tu vis, nimium [gratum] esse concedam, petamque a vobis, iudices, ut eum beneficio conplectamini quem qui reprehendit in eo reprehendit quod gratum praeter modum dicat esse. neque enim illud ad neglegendam meam gratiam debet valere quod dixit idem, vos nec nocentis nec litigiosos esse, quominus me apud vos valere oporteret. quasi vero in amicitia mea non haec praesidia, si quae forte sunt in me, parata semper amicis esse maluerim quam necessaria. etenim ego de me tantum audeo dicere, amicitiam meam voluptati pluribus quam praesidio fuisse, meque vehementer vitae meae paeniteret, si in mea familiaritate locus esset nemini nisi litigioso aut nocenti.

Sed haec nescio quo modo frequenter in me congessisti saneque in eo 34 83 creber fuisti, te idcirco in ludos causam conicere noluisse, ne ego mea con-

1 religionum **AFOPRST** religione **E** || 3 uitae iucunditas **ET** iocunditas uitae **AFOPRS** || 5 cui² **EFOPRST** cuius **A** | non *post* locus **A** || 5.6 ipse ille mutus ubi **E** ipse mutus ille ubi **T** ille mutus ipse ubi **AO** ille mutus ubi ipse **PRS** || 6 altus **A²** *quod ex Prisc. gramm. 2, 527, 22 rec. Novagero, cf. Wunder, Comm. 200 et AKlotz* alitus **AEFOPRST** | est *om.* **E** | uersetur **AEFOPST** uersentur **R** || 7 tantae esse **EF OPRST** esse tanti **A** | aut ... fuerunt *om.* **R** | quae **EFOPRST** qui **A** || 9 nulla **AFOPRS** nullae **ET** || 10 quam **AEFOPST** quem **R** | beniuolentiae *post* significatione **F** || 11 tam inmane *del. Karsten 23, sed cf. contra Phil. 13, 21* || 13 tuo **AEFOP ST** duo **R** tuae *Fabricius* | crimini meque **E** crimini neque **T** ori minimeque **F** ori nimioque **AOPRS** verbo *Novagero* orationi *Fabricius* || 14 quoniam ... nimium *om.* **AF** | gratum **AEFRST** *del. Keil 12–13* me gratum **OP** || 15 eum *om.* **O** || 16 in eo reprehendit *om.* **A** | gratum *ante et post* quod **F** || 17 illud **ET** *om.* **AFOPRS** | neglegendam **EFOPRST** negligendum **A** || 18 litigiosas **T** | quominus **AEOPRST** cominus **F** quo nimis *Novagero* || 19 oporteret **AEOPRST** oportet **F** | siquae **ET** siqua **AFOPRS** || 20 parata **AEFOPRT** peracta **S** || 22 praesidio **AEFOPRS** praesidios **T** | meque] neque *Novagero* || 24 sed ... 25 fuisti *Schol. Bob.* | haec *Schol. Bob.* **AEFT** hoc **OPRS** | frequenter *del. Campe 270–271, sed cf. contra AKlotz* | in eo *Schol. Bob.* **AEOPRST** meo **F** || 25 creber *Schol. Bob.* **AEFORST** crebro **P** asper *Campe 270–271* | in ludos **ET** illusos **FOR** in locos **APS** | causam **AEFOPST** tamen **R** | conicere **EST** conuincere **AFOR** connicere **P** | noluisse **AEOPT** noluisti **RS** uoluisse **F** | ne **AFOPRST** nec **E**

suetudine aliquid de tensis misericordiae causa dicerem, quod in aliis
aedilibus ante fecissem. nonnihil egisti hoc loco; nam mihi eripuisti orna-
mentum orationis meae. deridebor si mentionem tensarum fecero, cum
tu id praedixeris; sine tensis autem quid potero dicere? hic etiam addi-
disti me idcirco mea lege exilio ambitum sanxisse, ut miserabiliores epi-
logos possem dicere. non vobis videtur cum aliquo declamatore, non cum
84 laboris et fori discipulo disputare? 'Rhodi enim' inquit 'ego non fui' –
me vult fuisse –, 'sed fui' inquit – putabam in Vaccaeis dicturum –
'bis in Bithynia.' si locus habet reprehensionis ansam aliquam, nescio
cur severiorem Nicaeam putes quam Rhodum; si spectanda causa est,
et tu in Bithynia summa cum dignitate fuisti et ego Rhodi non minore.
nam quod in eo me reprehendisti quod nimium multos defenderem, uti-
nam et tu, qui potes, et ceteri, qui defugiunt, vellent me labore hoc le-
vare! sed fit vestra diligentia, qui causis ponderandis omnis fere repu-
diatis, ut ad nos pleraeque confluant, qui miseris et laborantibus negare
85 nil possumus. admonuisti etiam, quod in Creta fuisses, dictum aliquod in
petitionem tuam dici potuisse; me id perdidisse. uter igitur nostrum est
cupidior dicti? egone qui quod dici potuit non dixerim, an tu qui etiam
ipse in te dixeris? te aiebas de tuis rebus gestis nullas litteras misisse,

1 thensis **EFOPRS** thrensis **T** tribensis **A** | causa **AEFOPST** causam **R** | quod **AEFOPST** quid **R** || 2 fecissem **EFOPRST** fecisse **A** | eripuisti **AEOPRST** et isti **F** || 3 thensarum **AEFOPS** thensari **T** thesaurum **R** || 3. 4 cum tu **AEFOPRS** tu cum **T** || 4 thensis **AEFORST** thensi **P** | autem *om.* **A** | quid **AEFOPRS** quod **T** | hic ... 6 dicere *Schol. Bob.* || 4. 5 addidit me idcirco mea lege exilio ambitum sanxisse (sensisse *codd.*) *Arus. gramm. 7, 511* || 5 exilio ambitum sanxisse *Schol. Bob. Arus. gramm. Garatoni, prob. Cobet 314* ex illo ambitu traxisse **AEFOPRST** ex isto ambitu traxisse *Novagero* || 6 dicere *Schol. Bob.* **AEFOPRST** elicere *Fabricius, cf. contra Wunder, Comm. 205* | non[1]] nonne *Hirschfelder* | uobis **AEOPRST** nobis **F** | uidetur **EFRT** uideor **AOPS** | cum[1] **AEFOST** causa **PR** || 7 fori **EFOPRST** foris **A** | discipulo **ET** *om.* **AFOPRS** | Rhodi ... 8 fuisse *Schol. Bob.* | Rhodi *Schol. Bob.* **AOPRS** hodie **ET** hoc odi **F** | inquit *Schol. Bob.* **AEFPRST** *om.* **O** | ego *Schol. Bob.* **ET** *om.* **AFOPRS** || 8 uaccaeis **AOPST** uacca eis **EF** uacreris **R** Niceis *Novagero dett. III familiae secutus* (**MNt**) Barcaeis *Niebuhr, sed cf. Baiter* || 9 ⟨Nicaeae⟩ in Bithynia *Lambin, sed cf. contra Wunder, Comm. 208* | ansam **EFOT** causam **APRS** || 10 nicaeam **EFORST** uitream **A** nitram **P** | putes **EFOPRST** putas **A** | rhodum **FOPST** rhodium **AER** || 11 et tu **EFOST** si et tu **P** si **A** ita **R** || 12 quod[1] **AEFOPT** *om.* **S** -que **R** | in ... 13 leuare *Schol. Bob.* | defenderem *Schol. Bob.* **FT** defenderim **AEOPRS** || 13 et[1] *Schol. Bob.* **AEFOPST** ut **R** || 14 causis **EFT** ni causis **S** in causis **AOPR** || 15. 16 negare nil **ET** nihil negare **AFOPRS** || 16 admonefecisti ... 17 potuisse *Schol. Bob.* | fuisses **AEFOPRST** fuisse *Schol. Bob.* | aliquod *Schol. Bob.* **ET** aliquid **AFOPRS** || 17 petitionem tuam **ET** petitione tum *Schol. Bob.* petitione tua **AFOPRS** | potuisse *Schol. Bob.* **AFOPRST** potuissem **E** | me ... perdidisse *om.* **R** | perdidisse **AEFOPT** prodidisse **S** | nostrum **AEFOPST** nostri **R** | est *om.* **P** || 18 dicti **AFOPRST** dic tu **E** || 19 in te **AFOPRST** inter **E** | te aiebas ... p. 43, 1 obfuissent *Schol. Bob.* | te[2] *Schol. Bob.* **AEOPT** tu **FRS** | aiebas *Schol. Bob.* **AEFOPST** agebas **R** | litteras *om.* **T**

quod mihi meae quas ad aliquem misissem obfuissent. quas ego mihi obfuisse non intellego, rei publicae video prodesse potuisse.

35 **86** Sed sunt haec leviora, illa vero gravia atque magna, quod meum discessum, quem saepe defleras, nunc quasi reprehendere et subaccusare voluisti. dixisti enim non auxilium mihi, sed me auxilio defuisse. ego vero fateor me, quod viderim mihi auxilium non deesse, idcirco me illi auxilio pepercisse. qui enim status, quod discrimen, quae fuerit in re publica tempestas illa quis nescit? tribunicius me terror an consularis furor movit? decertare mihi ferro magnum fuit cum reliquiis eorum quos ego florentis atque integros sine ferro viceram? consules post hominum memoriam taeterrimi atque turpissimi, sicut et illa principia et hi recentes rerum exitus declararunt, quorum alter exercitum perdidit, alter vendidit, emptis provinciis a senatu, a re publica, a bonis omnibus defecerant; qui exercitu, qui armis, qui opibus plurimum poterant, cum quid sentirent nesciretur, furialis illa vox nefariis stupris ⟨in⟩ religiosis altaribus effeminata secum et illos et consules facere acerbissime personabat; egentes in locupletis, perditi in bonos, servi in dominos armabantur. 87 at erat mecum senatus, et quidem veste mutata, quod pro me uno post hominum memoriam publico consilio susceptum est. sed recordare qui tum fuerint consulum nomine hostes, qui soli in hac urbe senatum senatui parere non sierint edictoque suo non luctum patribus conscriptis, sed indicia luctus

3 grauia **ET** grauiora **AFOPRS** | discessum **AEFOPRT** dissessum **S** || 4 reprehendere **EFORST** deprehendere **AP** | subaccusare **EFOPRST** accusare **A** || 6 me[1] **AEFORST** me hercule **P** *ref. Lambin* hercule *Wunder, cf. contra Keil 9* | me[2] *om.* **R** *Carbo, prob. Keil 9* || 7 qui **EFOST** quis **APR** || 8 *post* nescit *usque ad* p. 44, 17 defendit *scholiorum codicumque testimoniis neglectis sententias totas vel transp. vel del. Campe 271–273*: p. 44, 6 erat ... p. 44, 17 defendit *transp. post* 8 nescit, tribunicius ... 10 viceram *del.*, 12 quorum ... 13 provinciis *secl.*, 17 at erat ... p. 44, 6 sed *del.*, *post* 17 armabantur *legitur* p. 44, 17 nihil ... | consularis *om.* **T** || 9 reliquiis **AFOPRST** reliquis **E** | ego *om.* **A** || 12 declarant *Novagero dett. III familiae secutus* (**LMQgt**) | quorum ... uendidit *Schol. Bob.* || 13 emptis **AEFOPRST** *cf. Wunder, Comm. 216, Grimal 47–48, 122 qui laudat Pis. 31* (provincias vel emptas vel ereptas) empti *Guilielmus, prob. Garatoni qui p. red. ad Quir. 13 laudat*: empti pactione provinciarum || 14 exercitu **EFT** exercitibus **AOPRS** | plurimum **AEFOPRT** plurimis **S** | sentiret **R** || 15 ⟨in⟩ nefariis *Rau 1, 193–194* | ⟨in⟩ religiosis *Baiter qui laudat Mil. 72, prob. Reinhardt 1903, 10* | religiosis altaribus] religionum muliebrium *Rau* ⟨inlatis⟩ *post* altaribus *Halm, prob. Landgraf qui har. resp. 8 laudat* || 16 effeminata] efferata *Busche 1896, 571* | et[2] **EFOPT** *om.* **ARS** | acerbissime] acerrime *Lambin* | personabat **AOPRS** personabant **EFT** 17 in[2] *om.* **R** | at erat ... p. 44, 4 inferebatur] *interpunctionem mutavit post* 18 senatus, mutata, 19 est, p. 44, 1 ordo, p. 44, 3 convenerat *Rau 1, 41–42 sed vix melius, del. Campe 271* | at erat *Wunder, Comm. 217–218* aderat **AEFOPRST** || 18 me *post* uno **A** || 19 fuerint **EFOPRST** fuerunt **A** || 20 consulum nomine **AEFOPRS** nomine consulum **T** || 21 sierint **ET** sinerint **A** siuerint **FOPS** sciuerint **R** siverunt *Ernesti, cf. contra Wunder, Comm. 218* | suo *om.* **E** | patribus conscriptis **EOPRST** p. c. **F** p. clodii **A** | indicia luctus **ET** luctus iudicia **S** luctus indicia **AFOPR**

ademerint. at erat mecum cunctus equester ordo; quem quidem in contionibus saltator ille Catilinae consul proscriptionis denuntiatione terrebat. at tota Italia convenerat; cui quidem belli intestini et vastitatis metus inferebatur.

36 Hisce ego auxiliis studentibus atque incitatis uti me, Laterensis, potuisse confiteor, sed erat non iure, non legibus, non disceptando decertandum – nam profecto, praesertim tam bona in causa, numquam, quo ceteri saepe abundarunt, id mihi ipsi auxilium meum defuisset –, armis fuit, armis inquam fuit dimicandum. quibus a servis atque a servorum ducibus caedem fieri senatus et bonorum rei publicae exitiosum fuisset.
88 vinci autem improbos a bonis fateor fuisse praeclarum, si finem tum vincendi viderem, quem profecto non videbam. ubi enim mihi praesto fuissent aut tam fortes consules quam L. Opimius, quam C. Marius, quam L. Flaccus, quibus ducibus improbos civis res publica vicit armatis, aut, si minus fortes, at tamen tam iusti quam P. Mucius, qui arma quae privatus P. Scipio ceperat, ea Ti. Graccho interempto iure optimo sumpta esse defendit? esset igitur pugnandum cum consulibus. nihil dico amplius nisi illud: victoriae nostrae gravis adversarios paratos, interitus nullos
89 esse ultores videbam. hisce ego auxiliis salutis meae si idcirco defui quia nolui dimicare, fatebor, id quod vis, non mihi auxilium, sed me auxilio defuisse; sin autem, quo maiora studia in me bonorum fuerunt, hoc iis magis consulendum et parcendum putavi, tu id in me reprehendis quod Q. Metello laudi datum est hodieque est et semper erit maximae gloriae? quem, ut potes ex multis audire qui tum adfuerunt, constat invitissimis

1 ademerunt *Ernesti, cf. ad p. 43, 21* | at erat *Wunder, Comm. 218, cf. ad p. 43, 17* | quem . . . 2 terrebat *Schol. Bob.* | in contionibus **EFPST** in contentionibus **AOR** *om. Schol. Bob.* || 2 catilinae *Schol. Bob.* **AEFOPRST** *del. Ernesti, prob. Garatoni, ref. Wunder, Comm. 219–220* catamitus *prop. dub. in app. Clark, cf. contra AKlotz* || 3 at] ac *Fabricius* (**M** *secutus ?*) || 5 ego **AEFOPRS** ergo **T** || 8 saepe **ET** *om.* **AFOPRS** | abundarunt **AEFOP** habundabunt **T** habundarunt **S** | ipsi **ES** *om.* **A** *post* 9 armis **R** || 9 a[1] **AEOPRST** ac **F** | atque **EFOPRST** et **A** || 10 exitiosum *om.* **O** || 11 improbos **AEFOPRS** reprobos **T** | fuisset *prop. Reinhardt 1903, 10–12 qui post* fateor *subdistinxit* | si *om.* **E** | tum **EFRST** eum **AOP** || 12 quem profecto non uidebam **AOPS** *om.* **EFRT** *prob. Orelli, Baiter et al., sed cf. contra Wunder, Comm. 220–221 et Vahlen 327–330* | mihi *post* enim **ET** *ante* aut **AFOPRS** || 12.13 fuissent aut tam fortes consules *Garatoni* fuisset (mihi **AOPRS**) aut tam fortis consul **AEFOPRST** || 14 improbos **AEFOPRS** ut probos **T** | armata *Karsten 23* armis *Weidner 6* (**h** *secutus ?*) || 16 ceperat **ET** sumpserat **AFOPRS** *def. Wunder, Comm. 223–225* | ea ti. **FOS** euti **T** ea · t · **E** ea tiberio **AP** ea tito **R** | graccho **FOPS** gracco **AET** graco **R** | interempto **AEFOPST** intento **R** | iure **AFOPRST** uiro **E** || 17 cum **AEFOPT** ut **RS** | dico amplius **ET** amplius dico **FORS** aliud dico **AP** || 19 esse ultores **ET** ultores esse **AFOPRS** | hisce] hic *Campe 273* || 20 fatebor **EFOST** fateor **APR** *prob. Weidner 5, ref. Landgraf 117* | mihi *post* auxilium **A** || 21 iis **T** his **AEFOPS** huius **R** || 23 metello **AEFOPST** marcello **R** || 24 potes **AEFOPST** putes **R** | ad *ante* adfuerunt *add.* **T** | constat *post* adfuerunt **EFT** *post* uiris **AOPRS** | inuitissimis **EF** inuictissimis **AOPRST**

viris bonis cessisse, nec fuisse dubium quin contentione et armis superior posset esse. ergo ille cum suum, non cum senatus factum defenderet, cum perseverantiam sententiae suae, non salutem rei publicae retinuisset, tamen ob illa ⟨maxime⟩, quod illud voluntarium vulnus accepit, quod et illos ipsos inprobissimos civis interfici noluit, et ne quis bonus interiret in eadem caede providit, iustissimos omnium Metellorum et clarissimos triumphos gloriae laude superavit: ego tantis periculis propositis cum, si victus essem, interitus rei publicae, si vicissem, infinita dimicatio pararetur, committerem ut idem perditor rei publicae nominarer, qui servator fuissem?

Mortem me timuisse dicis. ego vero ne inmortalitatem quidem contra **37 90**
rem publicam accipiendam putarem, nedum emori cum pernicie rei publicae vellem. nam qui pro re publica vitam ediderunt – licet me desipere dicatis –, numquam me hercule eos mortem potius quam inmortalitatem adsecutos putavi. ego vero si tum illorum impiorum ferro ac manu concidissem, in perpetuum res publica civile praesidium salutis suae perdidisset. quin etiam si me vis aliqua morbi aut natura ipsa consumpsisset, tamen auxilia posteritatis essent imminuta, quod peremptum esset mea morte id exemplum qualis futurus in me retinendo fuisset senatus populusque Romanus. an, si umquam in me vitae cupiditas fuisset, ego mense Decembri mei consulatus omnium parricidarum tela commossem? quae, si viginti quiessem dies, in aliorum vigiliam consulum reccidissent. quam ob rem, si vitae cupiditas contra rem publicam est turpis, certe multo mortis cupiditas mea turpior fuisset cum pernicie civitatis.

2 cum[2] *del. Karsten 23* (*dett.* $\mathbf{B_6V_3W_4}$**Xl** *secutus ?*) || 4 tamen **EFOPRST** cum **A** | ob illa ⟨maxime⟩ *conieci, cf. har. resp. 29* ob illam **AEFOPRST** *del. Garatoni, Wunder, Comm. 226–227* ob id ipsum *Hirschfelder* *post* illam *lac. susp. edd. et* ⟨constantiam⟩ *add. Angeli* (*dett.* $\mathbf{D_2F_1^2N}$ *secutus ?*) *quod prob. Landgraf 117* *post* Metellorum *add. Bussi* ⟨causam⟩ *suppl. RKlotz* ⟨constantiae gloriam et⟩ *prop. in app. AKlotz* ⟨perseverantiam⟩ *dub. suppl. Reinhardt 1903, 12–14* | quod[1] **ET** quo **AFOPRS** || 5 ciuis **AEFOPRS** cuius **T** | noluit **EFORS** uoluit **APT** || 6 iustissimos . . . 7 superauit *Schol. Bob.* *post* 4 accepit **AEFOPRST** *post* prouidit *transposui* | iustissimos *Schol. Bob.* **EFPRST** iustissimus **AO** | metallorum **A** || 7 gloriae *Schol. Bob.* **AEFOPRST** gloria et *Garatoni, ref. AKlotz* | superauit *Schol. Bob.* **AEFORST** separauit **P** || 8 pararetur **AEFOPST** paretur **R** || 11 mortem **AEFOPT** *om.* **RS** || 13 ediderunt **EFT** *prob. AKlotz auctoritate Sest. 93* dediderunt **AOPRS** reddiderunt *Novagero* (*dett.* $\mathbf{B_6V_2W_4}$ *secutus ?*) perdiderunt *Kraffert 119* | desipere **AEFOPST** descipere **R** || 16 res *om.* **O** || 17 me *om.* **R** | ipsa *om.* **F** || 18 mea **EFOPRST** mei **A** || 19 retinendo **AEFOPRST** *def. Grimal 126* restituendo *Garatoni, sed cf. contra Wunder, Comm. 228–230* *del. dub. Garatoni quod prob. Wunder* || 20 in me *post* cupiditas **ET** || 21 commossem **FOPST** commouissem **AER** || 22 quiessem **AFOPST** quidem **E** quieuissem **R** | essent *post* dies *add.* **E** | vigiliam] iugulum *Novagero* (*dett.* **HKN** *secutus ?*) | consulum *del. Cobet 327* | reccidissent *Ernesti* recidissent **AEFOPRST**

91 Nam quod te esse in re publica liberum es gloriatus, id ego et fateor
et laetor, et tibi etiam in hoc gratulor: quod me autem negasti, in eo neque
38 te neque quemquam diutius patiar errare. nam si quis idcirco aliquid de
libertate mea deminutum putat, quod non ab omnibus eisdem a quibus
antea solitus sum dissentire dissentiam, primum si bene de me meritis
gratum me praebeo, non desino incurrere in crimen hominis nimium memoris nimiumque grati? sin autem aliquando sine ullo rei publicae detrimento respicio etiam salutem cum meam tum meorum, certe non modo
non sum reprendendus, sed etiam, si ruere vellem, boni viri me ut id ne
92 facerem rogarent; res vero ipsa publica si loqui posset, ageret mecum ut,
quoniam sibi servissem semper, numquam mihi, fructus autem ex sese
non ut oportuisset laetos et uberes, sed magna acerbitate permixtos tulissem, ut iam mihi servirem, consulerem meis; se non modo satis habere
a me, sed etiam vereri ne parum mihi pro eo quantum a me haberet reddi-
93 disset. quid? si horum ego nihil cogito et idem sum in re publica qui fui
semper, tamenne libertatem requires meam? quam tu ponis in eo, si
semper cum iis quibuscum aliquando contendimus depugnemus. quod
est longe secus. stare enim omnes debemus tamquam in orbe aliquo rei
publicae, qui quoniam versatur, eam deligere partem ad quam nos illius
utilitas salusque converterit.

39 Ego autem Cn. Pompeium non dico auctorem ducem defensorem salutis meae – nam haec privatim fortasse officiorum memoriam quaerunt et gratiam –, sed hoc dico quod ad salutem rei publicae pertinet: ego eum non tuear quem omnes in re publica principem esse concedunt? ego C. Caesaris laudibus desim, quas primum populi Romani, nunc etiam se-

1 te esse **ET** esse te **AFOPRS** | es gloriatus **EFRST** gloriatus es **AP** esse gloriatus es **O** || 3 neque *om.* **P** || 4 libertate **EFOPRST** dignitate **A** | deminutum **ET** diminutum **AFOPRS** || 5 solitus **AEFORST** solicitus **P** | si **AEFOPST** sibi **R** || 6 non desino *def. AKlotz* nonne desino *Clark* non debeo *Lambin quod prob. Campe 273* non recuso *Mueller* || 7 grati **AEFPRST** grauati **O** | aliquando *post* autem **ET** *post* 8 etiam **AFOPRS** || 8 cum **T** tum **AEFOPRS** || 9 sum **AEFOPST** solum **R** | reprendendus *Zielinski 177* reprehendendus **AEFOPRST** | uellem **AEFORT** uelim **P** *om.* **S** || 10 ipsa *om.* **T** || 11 autem **EFOPRST** aut **A** || 12 et *om.* **F** | uberes **EOPRS** iuberes **F** uberos **T** || 13 iam *post* mihi **A** | se **EFOPRST** sed **A** || 14 quantum *Orelli in app.* quam tum **ET** quod cum **O** quod tum **AFPRS** | a me *om.* **R** || 15 quid **AEFOPRS** quod **T** | *signum interrogationis post* cogito *et non post* quid *posuit Novagero* || 17 iis **AFOPRST** his **E** | contenderimus *Mueller LXXIII* || 18 omnes *post* debemus **A** || 19 qui **EFOPRST** que **A** | uersatur **EFT** uersetur **AOPRS** | deligere **AEFOPRS** diligere **T** | debemus *post* partem *add. Fabricius* (α *secutus ?*) || 21 cn. **AEFOST** gneium **PR** | pompeium **AEOPRST** pom. **F** || 22 haec **AEFPST** *om.* **O** hoc **R** | priuatim **EFOPRST** priuatam **A** || 22.23 quaerunt et gratiam **T** et gratiam quaerunt **AEFOPRS** || 23 hoc dico **E** dico hoc **AFOPRST** | pertinet . . . 24 publica *om.* **RS** | eum **AEFPRS** enim **T** cum **O** || 25 c. **EFOPRST** gaii **A** | desim **EFOPRST** desum **A** | quas **EFOT** qui **APRS** | nunc **EFOPRST** non **A** | etiam *post* semper **A**

natus, cui me semper addixi, plurimis atque amplissimis iudiciis videam esse celebratas? tum hercule me confitear non iudicium aliquod habuisse de utilitate rei publicae, sed hominibus amicum aut inimicum fuisse. an, 94
cum videam navem secundis ventis cursum tenentem suum, si non eum petat portum, quem ego aliquando probarim, sed alium non minus tutum atque tranquillum, cum tempestate pugnem periculose potius quam illi salute praesertim proposita obtemperem et paream? ego vero haec didici, haec vidi, haec scripta legi; haec de sapientissimis et clarissimis viris et in hac re publica et in aliis civitatibus monimenta nobis litterae prodiderunt, non semper easdem sententias ab isdem, sed quascumque rei publicae status, inclinatio temporum, ratio concordiae postularet, esse defensas. quod ego et facio, Laterensis, et semper faciam, libertatemque quam tu in me requiris, quam ego neque dimisi umquam neque dimittam, non in pertinacia, sed in quadam moderatione positam putabo.

Nunc venio ad illud extremum, in quo dixisti, dum Planci in me meri- 40 95
tum verbis extollerem, me arcum facere e cloaca lapidemque e sepulchro venerari pro deo; neque enim mihi insidiarum periculum ullum neque mortis fuisse. cuius ego temporis rationem explicabo brevi neque invitus. nihil enim est ex meis temporibus quod minus pervagatum quodque minus aut mea commemoratione celebratum sit aut hominibus auditum atque notum. ego enim, Laterensis, ex illo incendio legum iuris senatus bonorum omnium cedens, cum mea domus ardore suo deflagrationem

1 a *post* cui *add.* **T** | me *om.* **A** | addixi **AEFOPT** addidisti **R** addisti **S** | iudiciis uideam **EFOPRS** indiciis uideam **A** iudicis induam **T** || 2 celebratus **R** | tum **AEFOPT** tu **S** tamen **R** || 3 utilitate rei p. **ET** rei p. utilitate **AFOPRS** || 4 navem] nav⟨is rector⟩em *Cobet 328–329, cf. contra AKlotz* | eum **AEFPRST** ea eum **O** || 5 probarim **E** probaui **AFOPRST** || 6 illi **AFOPRST** illius **E** || 7 pareamAEFPRST peream **O** | *post* paream *add.* neque enim inconstantis puto sententiam tamquam aliquid nauigium atque cursum ex rei p. tempestate moderari **S** *quae verba ex Balb. 61 excerpta similitudinis causa mg. adscripta et postea in textum recepta (Novagero, Angeli, Fabricius et al.)* | haec **EFOST** hoc **APR** || 8 haec^1 **EFOPST** hoc **AR** | de *om.* **O** || 9 monimenta **EFRST** monumenta **AOP** | litterae *del. Wunder, Comm. 234* ⟨et⟩ litterae *Madvig 1873, 231–232* ⟨ac⟩ litterae *Koepke* || 10 non **EFOPRST** nam **A** | isdem *dett.* iisdem *Novagero* eisdem **AEFOPRST** || 11 inclinatio **ET** indignatio **AFOPRS** indagatio **A**^{2} *mg* | defensas **ET** defendas **F** defendendas **AOPRS** || 12 libertatemque **EFOPRST** libertatem **A** || 13 tu **EFT** *om.* **AOPRS** | non **AEOPRST** sed **F** || 15 illud **AEFOPST** aliud **R** | in quo **EFT** quod **AOPRS** | dum **AEFOPRT** quod **S** cum *Beroaldo* | meritum **EFOPRST** merita **A** || 16 arcum *Cobet 330–331, Nettleship 21* arcem **AEFOPRST** aram *Dobree 375* | e^1 **ET** ex **AFOPRS** | cloaca **AEFOPRS** doca **T** | lapidemque **EFPRST** lapidem et **A** lapidem **O** || 19 enim **AEFOPST** causam **R** | est ex meis **ET** ex meis est **AFOPRS** | quodque **EFOPRST** quod **A** || 20 commemoratione celebratum **EFRST** celebratione commemoratum **O** celebratione commemoratione celebratum **AP** || 20.21 auditum atque notum **EFOPRST** notum atque auditum **A** || 21 iuris *post* senatus **O**

urbi atque Italiae toti minaretur, nisi quievissem, Siciliam petivi animo,
quae et ipsa erat mihi sicut domus una coniuncta et optinebatur a C. Ver-
gilio, quocum me uno vel maxime cum vetustas, tum amicitia, cum mei
96 fratris collegia, tum rei publicae causa sociarat. vide nunc caliginem
temporum illorum. cum ipsa paene insula mihi sese obviam ferre vellet,
praetor ille eiusdem tribuni plebis contionibus propter eandem rei publi-
cae causam saepe vexatus, nihil amplius dico nisi me in Siciliam venire
noluit. quid dicam? C. Vergilio tali civi et viro benivolentiam in me, me-
moriam communium temporum, pietatem humanitatem fidem defuisse?
nihil, iudices, est eorum, sed, quam tempestatem nos vobiscum non tulisse-
mus, metuit ut eam ipse posset opibus suis sustinere. tum consilio repente
mutato iter a Vibone Brundisium terra petere contendi; nam maritimos
41 cursus praecludebat hiemis magnitudo. cum omnia illa municipia, quae
97 sunt a Vibone Brundisium, in fide mea, iudices, essent, iter mihi tutum
multis minitantibus magno cum suo metu praestiterunt. Brundisium
veni vel potius ad moenia accessi; urbem unam mihi amicissimam decli-
navi, quae se [vel] potius excindi quam e suo conplexu ut eriperer facile
pateretur. in hortos me M. Laeni Flacci contuli. cui cum omnis metus,
publicatio bonorum exilium mors proponeretur, haec perpeti si acciderent
maluit quam custodiam mei capitis dimittere. huius ego et parentis eius,
prudentissimi atque optimi senis, et fratris et utriusque filiorum manibus
in navi tuta ac fideli collocatus eorumque preces et vota de meo reditu
98 exaudiens Dyrrachium quod erat in fide mea petere contendi. quo cum

1 urbi **EFOPRST** urbis **A** | nisi **AEOPRST** non **F** || 2 ipsa erat mihi sicut **EFOPRST** mihi erat sicut ipsa **A** | una] mea *Karsten 23–24* || 3 cum[1] **AEFPST** tum **OR** | uetustas tum **E** uetustarum **R** uetustatum **AFOPST** vetusta *Novagero dett. secutus* | cum[2] **AEFT** tum **OPRS** || 4 collegia **AEOPRST** colega **F** | tum **EFOPRST** cum **A** | rei p. causa **ET** R. P. **F** res p. **AOPRS** | sociarat *om.* **R** | nunc *om.* **T** || 6 praetor **A** p. r. **EFT** pater **OPRS** || 7 me *post* venire *prop. Clark, cf. Zielinski 136* || 8 noluit **AEOPRS** uoluit **FT** | quid dicam ... uiro *Prisc. gramm. 2, 345, 2* | c. **AEOPRST** cum **F** de c. *Prisc. gramm. dett.* ($V_4 \alpha \pi_1$) | et *om.* **R** || 9 pietatem **EFORST** *om.* **AP** | humanitatem **AEFOPRS** humilitatem **T** || 10 iudices **ET** neque **A** uidelicet **FOPRS** | nos *bis* **P** | uobiscum **AEFOST** nobiscum **PR** | non tulissemus **AEFOPRS** contulissemus **T** || 11 ipse **EFORST** ipsam **AP** | posset **ET** non posset **AFOPRS** || 12 iter a uibone **AFOPRS** iter aui bonae **E** iter a uibonae **T** *del. Clark* Vibone ⟨averti et⟩ *prop. in app. AKlotz* iter a Vibone *def. Grimal 1971, 27–32* || 14 ⟨ad⟩ Brundisium *Clark* | iter mihi tutum **ET** tunc mihi tutum **F** tunc mihi tutum iter **R** tum iter tutum **AOPS** || 16 accessi *om.* **T** || 17 vel *del. Halm* (V_2 *secutus ?*) *post* potius *transp. Weiske* vellet *Koch 285, prob. Karsten 24* | potius *post* excindi *Bake* potius *del. Wunder, Comm. 240* | eriperer **AEOPRST** eriperet **F** || 17.18 facile pateretur **EFOPRST** facere pacaretur **A** || 18 in **AEFOPRS** ut **T** | m. **EFOPT** *om.* **S** m·m· **A** marci **R** | omnes *Wunder, Comm. 240 dett. secutus* (D_2MNgtw_3) || 20 huius **AEFOPRS** cuius **T** | ego et **AEFOPST** ergo ut **R** || 21 et fratris **ET** *om.* **AFOPRS** | et[2] **AEOPRST** atque **F** || 22 in naui tuta *Prisc. gramm. 2, 345, 3* in naue tuta **AEFOPRST** || 23 quod **AEFPRST** -que **O** | quo **AEFOPRS** auo **T**

venissem, cognovi – id quod audieram – refertam esse Graeciam sceleratissimorum hominum ac nefariorum, quorum impium ferrum ignisque pestiferos meus ille consulatus e manibus extorserat. qui antequam de meo adventu audire potuissent, cum tum abessent aliquot dierum viam, in Macedoniam ad Planciumque perrexi. hic vero simul atque mare me transisse cognovit – audi, audi atque adtende, Laterensis, ut scias quid ego Plancio debeam, confiteareque aliquando me quod faciam et grate et pie facere, huic autem, quae pro salute mea fecerit, si minus profutura sint, obesse certe non oportere! nam simul ac me Dyrrachium attigisse audivit, statim ad me lictoribus dimissis, insignibus abiectis, veste mutata profectus est. o acerbam mihi, iudices, memoriam temporis illius et loci, 99
cum hic in me incidit, cum conplexus est conspersitque lacrimis nec loqui prae maerore potuit! o rem cum auditu crudelem, tum visu nefariam! o reliquos omnes dies noctesque eas quibus iste a me non recedens Thessalonicam me in quaestoriumque perduxit! hic ego nunc de praetore Macedoniae nihil dicam amplius nisi eum et civem optimum semper et mihi amicum fuisse, sed eadem timuisse quae ceteros: Cn. Plancium fuisse unum, non qui minus timeret, sed, si acciderent ea quae timerentur, mecum ea subire et perpeti vellet. qui, cum ad me L. Tubero meus ne- 100
cessarius, qui fratri meo legatus fuisset, decedens ex Asia venisset easque insidias, quas mihi paratas ab exulibus coniuratis audierat, ad me animo amicissimo detulisset, in Asiam me ire propter eius provinciae mecum et cum meo fratre necessitudinem comparantem non est passus; vi me, vi,

1 graeciam **AEFOPRS** gratiam **T** || 3 ille *post* consulatus **A** || 4 aduentu **AEFOPRS** aduentum **T** | audire **AEFPRST** scire **O** | tum **OPRS** tamen **AEFT** tantum *Wunder ex dett., sed post* tantum *non* aliquot *sed* paucorum *diceretur, cf. Madvig 1884, 149* etiam tum *Madvig* a me *Clark, sed cf. contra Busche 1912, 347 qui* tamen *def.* | aliquot **EFT** aliquorum **AOPRS** | uia **R** || 5 Planciumque] Plancium quaestorem *Manuzio* | atque **EFOPRST** ac quam **A** | mare me **E** mare **FT** me mare **AOPRS** || 6 audi[1] *om. Fabricius* || 7 confiteareque **FORST** confitearque **E** consideraque **P** considerareque **A** | me *post* aliquando **ET** me *post* faciam **AFOPRS** || 8 huic autem quae **E** huicque **AO** huic quae **FPRST** || 9 sint **FOPRST** sunt **E** essent **A** || 10 audiit *prop. in app. AKlotz* | lictoribus **AEF[1]ORS** littoribus **FT** litoribus **P** || 11 acerbam **AEFOPRS** cerbam **T** | iudices **AEOPRST** uidelicet **F** | et **AFOPRST** ex **E** || 12 ot *ante* cum[1] *add.* **R** | in **AEOPRS** *om.* **FT** | cum[2] *om.* **T** | conspersitque **AEFORST** sparsitque **P** || 13 prae **AEOPRST** pro **F** | maerore **AEFOPRS** memore **T** | o rem . . . nefariam *om.* **R** | cum **AEOST** tum **FP** || 14 reliquos **AEOPT** reliquas **FRS** | Thessalonicam . . . 15 perduxit *Schol. Bob.* || 15 quaestoriumque **EFPT** questoriamque **A** quaestariumque **S** questanumque **OR** | perduxit *Schol. Bob.* **AEFOPRT** perdixit **S** || 17 quae **AEOPRS** *om.* **FT** | sed eadem timuisse *post* fuisse[2] **T** || 18 timeret **AEFOPRS** timere **T** | ⟨qui⟩ *post* sed *Orsini, cf. Mueller LXXIII* || 19 uellet **AOPRS** uelle **EFT** | ad **EFOPRST** a **A** || 21 ad me **ET** *om.* **AFOPRS** || 22 amicissimo *om.* **A** | mecum *Carbo* metum **AEFOPRST** | et **AEFOPT** *om.* **RS** || 23 necessitudinem comparantem] necis insidias comparatas *Novagero* necessitudinem comparatam *Fabricius* | vi me, vi inquam *Orelli in app. ex* ui me, ui me inquam *dett.* (F_1^2**KMNgt** β) ui inquam **T** ui me inquam **EFOPRS** in me inquam **A**

inquam, Plancius et conplexu suo retinuit multosque menses a capite meo non discessit abiecta quaestoria persona comitisque sumpta.

42
101 O excubias tuas, Cn. Planci, miseras, o flebiles vigilias, o noctes acerbas, o custodiam etiam mei capitis infelicem! siquidem ego tibi vivus non prosum qui fortasse mortuus profuissem. memini enim, memini neque umquam obliviscar noctis illius, cum tibi vigilanti adsidenti maerenti vana quaedam miser atque inania falsa spe inductus pollicebar, me, si essem in patriam restitutus, praesentem tibi gratiam relaturum; sin aut vitam mihi fors ademisset aut vis aliqua maior reditum peremisset, hos, hos – quos enim ego tum alios animo intuebar? – omnia tibi illorum laborum praemia pro me persoluturos. quid me aspectas, quid mea promissa repetis, quid meam fidem imploras? nihil tibi ego tum de meis opibus pollicebar, sed de horum erga me benivolentia promittebam: hos pro me lugere, hos gemere, hos decertare pro meo capite vel vitae periculo velle videbam; de horum desiderio luctu querellis cotidie aliquid tecum simul audiebam. nunc timeo ne tibi nihil praeter lacrimas queam reddere,
102 quas tu in meis acerbitatibus plurimas effudisti. quid enim possum aliud nisi maerere, nisi flere, nisi te cum mea salute complecti? salutem tibi idem dare possunt qui mihi reddiderunt. te tamen – exurge quaeso! – retinebo et complectar nec me solum deprecatorem fortunarum tuarum, sed comitem sociumque profitebor. atque ut spero nemo erit tam crudeli animo tamque inhumano nec tam inmemor non dicam meorum in bonos meritorum, sed bonorum in me, qui a me mei servatorem capitis divellat ac distrahat. non ego meis ornatum beneficiis a vobis deprecor, iudices, sed custodem salutis meae, non opibus contendo, non auctoritate, non gratia, sed precibus, sed lacrimis, sed misericordia, mecumque vos simul

2 discessit **AEFOPRS** discessisset **T** | quaestoris *Cobet 331* (**N** *secutus ?*) | sumpta *om.* **R** || 3 excubias **AEFOPRS** exubias **T** || 4 etiam *om.* **R** | siquidem ... 5 profuissem *Schol. Bob.* | siquidem *Schol. Bob.* **AEFOPRS** si quid est **T** || 5 prosum *Schol. Bob.* **AEFPRST** prosim **O** || 6 obliuiscar **AEFPRST** obliuiscor **O** | noctis **ET** tuae mortis **A** mee noctis **R** tuae noctis **OPS** tuis noctis **F** | uigilanti **EFOPRST** uigiliam **A** || 7 miser **EFOPRST** misera **A** || 8 patriam **ET** patria **AFOPRS** | gratiam **AOPRS** gratias **EFT** | aut **EFT** autem **AOPRS** || 9 uitam *post* mihi **A** | fors **FOPRST** sors **AE** || 10 hos *om.* **A** | alios **AEFOPST** aliquos **R** alio *Novagero* || 11 pro **AEFOPRS** per **T** | persoluturos **EFOPRST** soluturos **A** | quid me aspectas] *cf. Ter. Eun. 559* quid aspectas me? || 12 meam **AEFOPST** me in **R** || 13 de horum **E** eorum **AFOPRST** horum *Fabricius dett. secutus* ($C_1 D_3 H R_6 n$) | beniuolentia **ET** beniuolentiam **AFOPRS** | hos **AEFPRST** hoc **O** || 15 horum **ET** eorum **AFOPRS** || 16 tibi nihil **ET** nihil tibi **AFOPRS** | queam **AEFOPRS** quem **T** || 18 te cum] tuam *Karsten 24* | salutem ... 19 reddiderunt *Schol. Bob.* | tibi *post* idem **R** || 19 dare] negare *Karsten 24–25* | mihi *Schol Bob.* **EFOPRST** me **A** | te **ET** nec **FRS** huc **AOP** | tamen exurge **AEFPRST** exurge tamen **O** || 21 sed **EFOPRST** si **A** | profiteor *Weidner 6 dett. secutus* ($A_1 A_6 E_1 L_7 L_9 V_1$) || 22 non dicam meorum **ET** meorum non dicam **AFOPRS** || 23 mei *om.* **T** || 26 mecum ... p. 51, 2 deprecamur *Schol. Bob.* | mecumque **EFPRST** mecum *Schol. Bob.* **AO**

hic miserrimus et optimus obtestatur parens, et pro uno filio duo patres
deprecamur. nolite, iudices, per vos, per fortunas, per liberos vestros 103
inimicis meis, iis praesertim quos ego pro vestra salute suscepi, dare laeti-
tiam gloriantibus vos iam oblitos mei salutis eius, a quo mea salus con-
servata est, hostis extitisse; nolite animum meum debilitare cum luctu,
tum etiam metu commutatae vestrae voluntatis erga me; sinite me, quod
vobis fretus huic saepe promisi, id a vobis ei persolvere. teque, C. Flave, 104
oro et obtestor, qui meorum consiliorum in consulatu socius, periculorum particeps, rerum quas gessi adiutor fuisti, meque non modo salvum semper, sed etiam ornatum florentemque esse voluisti, ut mihi per hos conserves eum per quem me tibi et his conservatum vides. plura ne dicam tuae me etiam lacrimae inpediunt vestraeque, iudices, non solum meae, quibus ego magno in metu meo subito inducor in spem, vos eosdem in hoc conservando futuros, qui fueritis in me, quoniam istis vestris lacrimis de illis recordor, quas pro me saepe et multum profudistis.

1 hic *Schol. Bob.* **ET** *om.* **AFOPRS** | obtestatur *Schol. Bob.* **AEOPRST** obtestor **F** | duo *Schol. Bob.* **AEFOPRS** duos **T** || 1.2 patres deprecamur *Schol. Bob.* **AEFOPRS** deprecamur patres **T** || 2 per² *del. Garatoni dett. secutus* ($V_8 Y_1$) | fortunas **E** fornas **T** fortunas nostras **F** fortunas uestras **AOPRS** | uestros **ET** *om.* **AFOPRS** || 3 iis **T** his **AEFOPRS** | laetitiam **AEFOPT** licentiam **RS** || 4 mei] meae *Rau 2, 162–163* (*dett.* R_7 *secutus ?*) | salutis] salutisque *Novagero* (*dett.* A_1 $A_2 W_1$ *secutus ?*) || 5 cum **AFST** tum **EOPR** || 6 tum **EFOPRST** cum **A** | commutatae **EFOPRST** commutare **A** | erga me *del. Rau, cf. supra* || 7 teque **AEOPRST** sequi **F** | flaue A^{ac} *Garatoni* flaui **EFOPRST** || 8 qui **AEOPRST** quis **F** || 9 particeis **R** || 10 hos **EFOPRST** eos **A** || 11 et *om.* **A** | esse *post* conseruatum *add.* **A** || 12 tuae **EFOPRST** tum **A** | etiam **EFOPST** et **A** in **R** | non solum meae **AEOPRST** cum non solum me **F** *secl. Reinhardt 1903, 9–10* || 13 ego **AEFORST** ergo **P** || 14 uestris **EFOPRST** nostris **A** || 15 et *om.* **A** | profudistis **AEOPS** prodistis **T** profudisti **F** profuistis **R**

M. TVLLI CICERONIS
PRO C. RABIRIO POSTVMO ORATIO

SIGLA

V = codex Vaticanus Latinus 11458 a. 1417 a Poggio perscriptus
V^1, V^2 correctiones vel coniecturas ipsius Poggi manu ut videtur exaratas indicant
V^{rec} = manus recentior

TESTIMONIA

Quint. inst. 3, 6, 11 nam et pro Rabirio Postumo Cicero prima parte orationis in hoc intendit, ut actionem competere in equitem Romanum neget, secunda nullam ad eum pecuniam pervenisse confirmat.
4, 2, 10 non enim putat esse narrationem, nisi quae summam criminis, de quo iudicium est, contineat, deinde fatetur ipse pro Rabirio Postumo narrasse Ciceronem: atqui ille et negavit pervenisse ad Rabirium pecuniam, qua de re erat quaestio constituta, et in hac narratione nihil de crimine exposuit.
9, 2, 17 quaedam confessio, ut pro Rabirio Postumo, quem sua quoque sententia reprehendendum fatetur, quod pecuniam regi crediderit ...
Suet. Claud. 16, 2 notavitque multos, et quosdam inopinantis et ex causa novi generis, quod se inscio ac sine commeatu Italia excessissent, quendam vero et quod comes regis in provincia fuisset, referens maiorum temporibus Rabirio Postumo, Ptolemaeum Alexandriam crediti servandi causa secuto, crimen maiestatis apud iudices motum.

Si quis est, iudices, qui C. Rabirium, quod fortunas suas fundatas 1 1
praesertim atque optime constitutas potestati regiae libidinique commiserit, reprehendendum putet, adscribat ad iudicium suum non modo meam, sed huius etiam ipsius qui commisit sententiam. nec enim cuiquam eius consilium vehementius quam ipsi displicet. quamquam hoc plerumque facimus, ut consilia eventis ponderemus et, cui bene quid processerit, multum illum providisse, cui secus, nihil sensisse dicamus. si extitisset in rege fides, nihil sapientius Postumo, quia fefellit rex, nihil hoc amentius dicitur, ut iam nihil esse videatur nisi divinare sapientis.
sed tamen si quis est, iudices, qui illam Postumi sive inanem spem sive 2
inconsultam rationem sive ut gravissimo verbo utar temeritatem vituperandam putet, ego eius opinioni non repugno; illud tamen deprecor, ut, cum ab ipsa Fortuna crudelissime videat huius consilia esse multata, ne quid ad eas ruinas, quibus hic oppressus est, addendum acerbitatis putet. satis est homines imprudentia lapsos non erigere, urgere vero iacentis aut praecipitantis impellere certe est inhumanum, praesertim, iudices, cum sit hoc generi hominum prope natura datum, ut, si qua in familia laus aliqua forte floruerit, hanc fere qui sint eius stirpis, quod sermo hominum ac memoria patrum virtute celebret, cupidissime persequantur,

M. TVLLII. CICERONIS. PRO. C. RABIRIO. POSTVMO. INCIPIT V || **1** ·c· V^1 *supra* cum V | fortunas suas V^1 fortunae suae V suae fortunae *Carbo* suas fortunas *RKlotz* fortunarum suarum *Mommsen* fortuna sua *prop. Giardina* | fundatissimas *Clark, cf. contra AKlotz* || **2** optime *in* optume V^1 | opes *post* constitutas *add. mg* V^1 *del.* V^2 opes *rec. et post* suas *subdistinxit Boulanger* | potestati *ex* potest ad V^1 || **3** ad *ex* a V^1 || **4** neque *Novagero* || **6** facimus *ex* facinus V^1 || **7** providisse] vidisse *Lambin* | sensisse] vidisse *Lambin, cf. contra Garatoni qui Cic. nat. deor. 2, 55 et Caes. Gall. 7, 52, 3 laudat* || **9** sapientis *susp. habuit Ferracci 6, 5, 6* sapientia *vel* sapiens *prop. Halm, sed frustra* || **13** huius] eius *Minutiano ex dett.* | multata *in* mulctata V^1 mulctata *Minutiano* || **15** ⟨non⟩ satis est ⟨humanum⟩ *Koch 17, ref. Mueller qui Phil. 1, 37 et 14, 13 laudat* || **17** generi *ex* genere V^1 | ut si qua *ed. Bipontina* uel qua V uti qua V^1 uti quae *Ernesti* || **18** aliqua laus *Ernesti* | fere *ex* fore V^1 | sunt *Fabricius ex dett.* | eiusdem *Ernesti* || **18. 19** quod sermo hominum ac memoria patrum virtute celebret *Madvig 1856, 1454* quod sermo hominum ad memoriam patrum uirtute celebretur V *del. Ernesti fortasse recte* quod sermone hominum ac memoria patrum virtutes celebrantur *Schuetz* (virtutes celebrentur *RKlotz* virtus celebretur *Orelli*) quam sermo hominum ac memoria patrum virtutem celebret *Mommsen* (cum ... *Garatoni*) quod sermo hominum ad memoriam ⟨posteritatis⟩ patrum virtutem celebret *Mueller LXXVIII* quod sermo hominum ad memoriam patrum virtute celebr⟨anda glori⟩etur *temptavit AKlotz*

siquidem non modo in gloria rei militaris Paulum Scipio aut ⟨in iure
civili⟩ Mucium filius, sed etiam in devotione vitae et in ipso genere mortis
2 imitatus est P. Decium filius. sint igitur similia, iudices, parva magnis.
3 fuit enim pueris nobis huius pater C. Curtius princeps ordinis equestris
fortissimus et maximus publicanus, cuius in negotiis gerendis magnitudi-
nem animi non tam homines probassent, nisi in eodem benignitas incre-
dibilis fuisset, ut in augenda re non avaritiae praedam, sed instrumen-
4 tum bonitati quaerere videretur. hoc ille natus, quamvis patrem numquam
viderat, tamen et natura ipsa duce quae plurimum valet et assiduis do-
mesticorum sermonibus in paternae vitae similitudinem deductus est.
multa gessit, multa contraxit, magnas partis habuit publicorum; credidit
populis; in pluribus provinciis eius versata res est; dedit se etiam regi-
bus; huic ipsi Alexandrino grandem iam antea pecuniam credidit. nec
interea locupletare amicos umquam suos destitit, mittere in negotium,
dare partis, augere ⟨re⟩, fide sustentare. quid multa? cum magnitudine
animi tum liberalitate vitam patris et consuetudinem expresserat. pulsus
interea regno Ptolomaeus dolosis consiliis, ut dixit Sibylla, sensit Postu-
mus, Romam venit. huic egenti et roganti ille infelix pecuniam credidit,
nec tum primum. nam regnanti crediderat absens; nec temere se credere
putabat, quod erat nemini dubium, quin is in regnum restitueretur a se-
5 natu populoque Romano. in dando autem et credendo processit longius
nec suam solum pecuniam credidit, sed etiam amicorum. stulte, quis
negat, aut quis iam modo id quod male cecidit bene consultum putarit?

1 Scipio *del. Kayser 1855, 651* | aut *del. Garatoni* ac *Clark* || **1. 2** ⟨in iure civili⟩ *post* aut *supplevi* *post* filius *Prinz 124–126* || **2** Mucium *Prinz auctoritate off. 1, 116* maximum **V** (*ex* muximum *?*) Maximus *Madvig 1856, 1454* | filius *ex* filium V^1 *del. AKlotz qui Lael. 69 laudat* filii *Madvig* || **3** parua *ex* paruam V^1 || **4** fuit V^1 *mg* sufficit **V** | Curius *Minutiano ex dett.* || **5** fortissimus] florentissimus *Hotman* fortunatissimus *Halm 1855, 629, 10 et 1856, 1136, cf. contra Mueller LXXII* | fortissimus ... publicanus *del. Kayser 1855, 651* || **6** non *ex* nom V^1 | tam] tantum *Ernesti, sed Halm recte Planc. 77 laudat* | homines V^1 *mg* in es *in* in eo *corr.* V^1 || **8** hic illo *vel* hic *Halm* hic ex illo *Georges 540* | ille *del. Kayser* | quamuis V^1 quam **V** quamquam *RKlotz* quamquam vix *Brink 1874, 81* qui oculis *Klussmann 16* | patrem suum *edd. ex dett.* | numquam *del. Brink 1874, 81* || **9** viderat] *cf. A. Ernout, F. Thomas, Syntaxe latine, Paris* ^{2}*1972, 352–353* videret *Madvig 1884, 149* viderit *dett. prob. Luterbacher 230* | et[1] *ex* ei V^1 || **10** vitae *Hotman, cf. Rab. Post. 5* culpae **V** *prob. Ronconi apud Giardinam, cf. Hor. sat. 2, 6, 7, sed cf. contra Nisbet 133* curae *Manuzio* disciplinae *Clark* operae *Sydow 1942, 361* | esset *Madvig 1884, 149* || **11** publicanorum *Novagero ex dett.* || **12** populis *ex* populus V^1 || **13** grandem V^1 *mg* crinem **V** | ante *RKlotz* | pecuniam *ex* pecunia V^1 || **15** ⟨re⟩ *add. RKlotz* ⟨re⟩ *post* partis *dett.* || **16** liberalitate *ex* uberalitate V^1 || **17** sybulla **V** || **18** huic *del. Halm 1855, 660* ei *Lambin* tum *Lehmann 452* cui *Mueller* hic (*sc. Romae*) *AKlotz* | ille *conieci* hic **V** || **19** ⟨ante⟩ *post* nam *add. Clark* || **20** is V^1 *mg* si **V** | restitu⟨i iub⟩eretur *Mueller* || **23** modo id quod *Giardina 12, prob. Michel 466* a modo id quod V^1 *mg* amouet quo **V** audebit quod *Mueller* audet quod *Madvig 1855, 665* volet quod *Halm 1855, 650* avet

sed est difficile, quod cum spe magna sis ingressus, id non exequi usque
ad extremum. supplex erat rex, multa rogarat, omnia pollicebatur, ut 3
iam metuere Postumus cogeretur, ne quod crediderat perderet, si credendi constituisset modum. nihil autem erat illo blandius, nihil hoc benignius, ut magis paeniteret coepisse quam liceret desistere.

Hinc primum exoritur crimen illud; senatum corruptum esse dicunt. 6
o di immortales! haec est illa exoptata iudiciorum severitas? corruptores nostri causam dicunt; nos qui corrupti sumus non dicemus? quid ergo? senatum defendam hoc loco, iudices? omni equidem loco debeo; ita de me est meritus ille ordo. sed nec id agitur hoc tempore, nec cum Postumi causa res ista coniuncta est. quamquam ad sumptum itineris, ad illam magnificentiam apparatus comitatumque regium suppeditata pecunia a Postumo est, factaeque syngraphae sunt in Albano Cn. Pompei cum ille Roma profectus esset, tamen non debuit is qui dabat, quomodo ille qui accipiebat consumeret, quaerere. non enim latroni, sed regi credidit, nec regi inimico populi Romani, sed ei cuius reditum consuli commendatum ⟨a⟩ senatu videbat, nec [ei] regi qui alienus ab hoc imperio esset, sed
ei quicum foedus feriri in Capitolio viderat. quodsi creditor sit in culpa, 7
non is qui improbe credita pecunia usus, damnetur is qui fabricatus gladium est et vendidit, non is qui illo gladio civem aliquem interemit.

quod *Koch 1858, 285* amovet culpam ab eo quod ... cecidit [bene ... putares] *Kayser 1855, 651* non admonet? *Novagero* ⟨potest, omne si odium, omnem si invidiam⟩ amovet *Sydow 1944, 281* | quod] quum *RKlotz* | ⟨id⟩ bene *Nidecki* | putarit *vel* putaverit *Giardina 12* putares V putaret V¹ putare *Nidecki*

1 sed *Turnèbe* id V | spe magna *ex* spem magnam V¹ || 2 multum *Nidecki* | rogabat *Novagero ex dett.* | *post* pollicebatur *P. R. Müller 187 lac. susp. quam suppl. prop.* ⟨credendi finem si fecerit numquam se in regnum restiturum iri⟩ || 3 perderet *ex* perdere V¹ | credendi *ex* credere V¹ || 4 constituisset V destituisset V¹ *sed corr.* V² || 5 cepisse *ex* cepisset V¹ || 6 Hinc] hic *Lambin qui lac. ante* hinc *susp.* | istud *Brink 1874, 82* || 8 dicemus *Havet 159* dicimus V | ergo V *in* ego *corr.* V¹ r *exp.*, *Halm* (*signo interrogationis post* quid *posito*) || 9 senatumne *Nidecki* || 10 nec id] id nec *Novagero* || 12 comitatumque *ex* comitatusque V¹ || 14 illo *Hotman* | quo modo *Nidecki* tum V quo *Novagero* num *Giardina* cur *Clark ex dett.* || 15 consumeret *ex* consumereret V¹ tum sumeret *Turnèbe* sumeret *Garatoni* || 16 ei V¹ *add.* | consuli commendatum ⟨a⟩ senatu *Brink 1874, 82, prob. AKlotz, Nisbet 133* c̄sulucū datum senatum V (reductionem) consuli datam ⟨a⟩ senatu *Nidecki* consuli mandatum ⟨a⟩ senatu *Lambin* (reditui *vel* reditu) consultum ⟨a⟩ senatu *RKlotz* consulibus commendatum senatus consulto *prop. in app. AKlotz* consulari viro (*vel* proconsuli) mandatum a senatu *Giardina 12–13* [c̄sulucū] datum ⟨a⟩ senatu *Giardina in t.* || 17 ei *seclusi* || 18 feriri *Novagero* ferire V fieri *Fabricius ex dett.* || 18.19 is *post* non *transposui et* sit *post* creditor is in culpa non sit qui V is in culpa sit non qui V¹ sed *ante* qui *add. mg* V¹ in culpa est non is qui *RKlotz 1853* est in culpa non is qui *RKlotz, prob. AKlotz* (creditoris) culpa est si qui *Madvig* (creditores) in culpa sunt si qui *Mommsen* (creditor) sit in culpa, non sit qui *Lehmann 452* || 19 improbe ⟨est⟩ *Lambin* | usus ⟨est⟩ *Orelli* ⟨sit⟩ usus *dett.* ⟨est⟩ usus *temptavit AKlotz* usus ⟨est necesse est⟩ *Mueller* || 19.20 fabricatus est gladium *Quint. inst. 9, 3, 6*

quam ob rem neque tu, C. Memmi, hoc facere debes ut senatum, cuius
auctoritati te ab adulescentia dedisti, in tanta infamia versari velis,
neque ego id quod non agitur defendere. Postumi enim causa quaecum-
que est, seiuncta a senatu est. quod si item a Gabinio seiunctam osten-
dero, certe quod dicas nihil habebis.

4 8 Est enim haec causa 'QVO EA PECVNIA PERVENERIT' quasi quaedam
appendicula causae iudicatae atque damnatae. sunt lites aestimatae
A. Gabinio, nec praedes dati nec ex bonis potuit servari aequa res. iubet
lex Iulia persequi ab iis ad quos ea pecunia quam is ceperit qui damnatus
sit pervenerit. si est hoc novum in lege Iulia, sicuti multa sunt severius
scripta quam in antiquis legibus et sanctius, inducatur sane etiam [cum]
consuetudo huius generis iudiciorum nova. sin hoc totidem verbis transla-
9 tum caput est, quot fuit non modo in Cornelia, sed etiam ante in lege
Servilia, per deos immortales! quid agimus, iudices, aut quem hunc mo-
rem novorum iudiciorum in rem publicam inducimus? erat enim haec con-
suetudo nota vobis quidem omnibus, sed si usus magister est optimus,
mihi debet esse notissima. accusavi de pecuniis repetundis, iudex sedi,
praetor quaesivi, defendi plurimos: nulla pars quae aliquam facultatem
discendi adferre posset ⟨a⟩ me afuit. ita contendo neminem umquam
QVO EA PECVNIA PERVENISSET causam dixisse qui in aestimandis litibus
appellatus non esset. in litibus autem nemo appellabatur nisi ex testium
10 dictis aut tabulis privatorum aut rationibus civitatum. itaque in inferen-
dis litibus adesse solebant qui aliquid de se verebantur, et cum erant
appellati, si videbatur statim contra dicere solebant. sin eius temporis
recentem invidiam pertimuerant, respondebant postea. quod cum fecis-
5 sent, permulti saepe vicerunt. hoc vero novum est ⟨et⟩ ante hoc tempus

1 quum ob rem *RKlotz* || **2** auctoritati *ex* auctoritate V^1 | dedidisti *Nidecki, sed cf. AKlotz qui laudat Mil. 95* me senatui dedissem || **4** seiunctam *bis* V^{ac} || **6** quo] qua *RKlotz* || **8** agabinio V | ⟨ab eo⟩ praedes dati *Lambin* praedes dari *Brink 1856, 93* | potuit servari aequa res *Giardina 13* populi seruari aequa est V populi seruari lex aequa est *dett.* potuit servari quanti lites aestimatae sunt *Rau 1, 20* populo universa pecunia exacta est *Mommsen* populo servari lex aequa est. ⟨sed⟩ *Brink 1856, 93* populo universae lites solutae *Clark* ex eius bonis quanta summa litium fuisset: a populo recipi, lex aequa est *Novagero* (recepta. lex aequa est *Ernesti*), *cf. Rab. Post. 37* populo*** exacta est *Madvig* populo servata aequa aestimatio *Giardina, cf. praef. 13* || **9** lex Iulia *del. Ernesti* || **10** Iulia *del. Kayser 1855, 649* | sicut in eo *Mueller* || **11** inducatur V inducta V^1 vindicata *prop. Ernesti* | etiam [cum] *Nidecki ex dett.* iam *Halm* || **12** sin *Manuzio* sint V sit V^1 *mg* sit *Novagero* sit. sin *Fabricius* || **13** quot V^1 quod V | lege *del. Nidecki propter clausulam* || **14** agitur *Novagero (cf. §§ 6, 7, 37)* || **15** r. p. V | erat] est *Brink 1856, 93* || **17** notissima *Hervagius* notissimus V || **19** discendi *Hotman* dicendi V | a me afuit *Halm 1855, 651* mea fuit V ⟨non⟩ mea fuit *Novagero* mea ⟨non⟩ fuit *Angeli* | ita⟨que⟩ *Brink 1856, 93* || **20** qui in *edd. ex dett.* quin V quin in V^1 | litibus *ex* limitibus V^1 || **21** ⟨aestimandis⟩ *post* autem *add. Lambin* || **22** in *om. dett. quod prob. Pareus 36* | inferendis *del. vel* aestimandis *prop. Lambin* || **23** litibus *ex* limitibus V^1 || **24** sin eius *ex* sine ius V^1 || **26** est ⟨et⟩ *Nidecki* et *Mueller*

omnino inauditum. in litibus Postumi nomen est nusquam. in litibus dico? modo vos idem in A. Gabinium iudices sedistis: numquis testis Postumum appellavit? reus autem? num accusator? num denique toto illo in iudicio Postumi nomen audistis? non igitur reus ex ea causa quae 11
iudicata est redundat Postumus, sed est arreptus unus eques Romanus de pecuniis repetundis reus. quibus tabulis? quae in iudicio Gabini recitatae non sunt. quo teste? a quo tum appellatus nusquam est. qua aestimatione litium? in qua Postumi mentio facta nulla est. qua lege? qua non tenetur.

Hic iam, iudices, vestri consilii res est, vestrae sapientiae; quid deceat vos, non quantum liceat vobis, spectare debetis. si enim quid liceat quaeritis, potestis tollere e civitate quem vultis: tabella est quae dat potestatem; occultat eadem libidinem cuius conscientiam nihil est quod quisquam timeat, si non pertimescat suam. ubi est igitur sapientia iudicis? 12
in hoc ut non solum quid possit, sed etiam quid debeat ponderet, nec quantum sibi permissum meminerit solum, sed etiam quatenus commissum sit. datur tibi tabella iudici. qua lege? Iulia de pecuniis repetundis. quo de reo? de equite Romano. at iste ordo lege ea non tenetur. 'illo' inquit 'capite: QVO EA PECVNIA PERVENERIT.' ⟨nihil audisti⟩ in Postumum, cum in Gabinium iudex esses, nihil Gabinio damnato, cum in eum lites aestimares. 'at nunc audio.' reus igitur Postumus est ea lege qua non modo ipse, sed totus etiam ordo solutus ac liber est.

Hic ego nunc non vos prius implorabo, equites Romani, quorum ius 6 13
iudicio temptatur, quam vos, senatores, quorum agitur fides in hunc ordinem. quae quidem cum saepe ante, tum in hac ipsa causa nuper est cognita. nam cum optimo et praestantissimo consule Cn. Pompeio de hac ipsa quaestione referente existerent non nullae, sed perpaucae tamen acerbae sententiae, quae [qui] censerent ut tribuni, ut praefecti, ut scri-

2 dico *ex* dicom V^1 *post* dico *signum interrogationis posuit AKlotz* | idem *dett.* iidem V iisdem *Ernesti* || 3 reus *conieci* testis V | testis autem *affirmative Giardina* || 4 in *del. Ernesti* || 5 Romanus] ·r· V || 6 Gabini *AKlotz auctoritate Rab. Post. 34* (in iudicio Gabini) gabinio V a gabinio V^1 A. Gabini *Hotman* Gabiniano *Muretus* || 7 sunt ? V | quo teste V^1 *mg* quod iste V | qua aestimatione *Bagatto* qua appellatione *ex* quam appellationem *?* V^1 qua illatione *Lambin* || 8 qua lege V^1 *mg* quale V || 10 deceat V decet V^1 *mg* || 11 liceat^1 V licet V^1 *mg* || 12 e ciuitate *ex* ciuitate *corr. mg* V^1 || 13 eadem *ex* eandem V^1 | conscientiam *dett.* conscientia V | quisquam *Carbo* quicquam V || 17 iudici *Madvig 1855, 661* iudicii V *del. Cobet 1854, 233* || 18 Romano] ·r· V | ⟨immo⟩ illo *Brink 1856, 94, cf. iam Ernesti qui* immo *vel* immo illo *prop. et Madvig 1855, 665* || 19 QVO EA PECVNIA PERVENERIT *Greffe* quod erat V | ⟨nihil audisti⟩ *add. Madvig 1855, 655* | postum. V posterum *Muretus* || 20 cum^1 *Manuzio* quom *AKlotz* quod V | damnato *Madvig 1856, 1455* dato V datum *Novagero* || 21 aestimares *Madvig* extimaret V aestimarentur *Novagero* | at *ex* ad V^1 || 23 Romani] ·r· V || 24 iudicio *dett.* iudicioque V iudicio ⟨hoc⟩ *Nidecki* ⟨hoc⟩ iudicio *AKlotz in app.* | tentatur V || 26 pompeiio V || 27 paucae *Lambin* || 28 quae qui V *sed Poggio* qui *susp. habuit* quae *ex dett. edd.*

bae, ut comites omnes magistratuum lege hac tenerentur, vos, vos in-
quam ipsi et senatus frequens restitit, et quamquam tum propter mul-
torum delicta etiam ad innocentium periculum tempus illud exarserat,
tamen cum odium non restingueretis, huic ordini ignem novum subici
14 non sivistis. hoc animo igitur senatus. quid? vos, equites Romani, quid
tandem estis acturi? ⟨C.⟩ Glaucia solebat, homo impurus sed tamen acu-
tus, populum monere ut, cum lex aliqua recitaretur, primum versum at-
tenderet. si esset DICTATOR CONSVL PRAETOR MAGISTER EQVITVM, ne labo-
raret; scire nihil ad se pertinere; sin esset QVICVMQVE POST HANC LEGEM,
15 videret nequa nova quaestione alligaretur. nunc vos, equites Romani,
videte. scitis me ortum e vobis omnia semper sensisse pro vobis. nihil
horum sine magna cura et summa caritate vestri ordinis loquor. alius
alios homines et ordines, ego vos semper complexus sum. moneo et prae-
dico, integra re causaque denuntio, omnes homines deosque testor: dum
potestis, dum licet, providete ne duriorem vobis condicionem statuatis
ordinique vestro quam ferre possit. serpet hoc malum – mihi credite –
7 16 longius quam putatis. potentissimo et nobilissimo tribuno plebis M. Druso
novam in equestrem ordinem quaestionem ferenti: SIQVIS OB REM
IVDICANDAM PECVNIAM CEPISSET aperte equites Romani restiterunt.
quid? hoc licere volebant? minime; neque solum hoc genus pecuniae
capiendae turpe, sed etiam nefarium esse arbitrabantur. ac tamen ita
disputabant, eos teneri ⟨his⟩ legibus oportere, qui suo iudicio essent illam
condicionem vitae secuti. delectat amplissimus civitatis gradus, sella curu-
lis fasces imperia provinciae sacerdotia triumphi, denique imago ipsa ad
posteritatis memoriam prodita; est simul etiam sollicitudo aliqua et le-
17 gum et iudiciorum maior quidam metus. 'nos ista numquam contempsi-
mus' – ita enim disputabant –, 'sed hanc vitam quietam atque otiosam
secuti sumus; quae quoniam honore caret, careat etiam molestia.' 'eadem

2 et senatus frequens V uos et senatus V^1 *mg del. Kayser 1855, 652* | restitistis *Kayser* || 4 °dium V | non] nostri *Mueller auctoritate Verr. 1, 22* nostrum *Madvig 1855, 667* || 6 ⟨C.⟩ Glaucia *Clark* c· laucia V glaucia V^1 *mg* || 8 cos. V || 9 scire V *prob. Giardina* sciret *edd. dett. secuti* | esset] autem *Novagero* || 10 Romani] ·r· V || 13 . . . *cf. Verr. 1, 43* cui loco per deos immortales, iudices, consulite ac providete! moneo praedicoque id, quod intellego tempus hoc vobis divinitus datum esse, ut odio invidia infamia turpitudine totum ordinem liberetis || 14 testor] testes *dett.* || 16 possitis *Nidecki* || 17 tr. pl. V || 18 novam *Madvig* unam V (unaminequestrem *in* unam in equestrem V^1) || 19 iudicandam *Nidecki, cf. Cluent. 98, 103; Verr. 1, 37; 1, 38; 1, 39; 3, 156; 3, 206; Tac. ann. 4, 31; Quint. inst. 5, 10, 87* iudicatam V | Romani] ·r· V || 20 quid *in* quod V^1 | neque ⟨enim⟩ *Nidecki* || 21 esse *del. Novagero post* arbitrabantur *RKlotz* | attamen *Ernesti* || 22 ⟨his⟩ *add. RKlotz, cf. Rab. Post. 18* ⟨iis⟩ *ante* legibus *suppl. AKlotz* ⟨iis⟩ *post* legibus *Nidecki* || 23 ⟨te⟩ *ante* delectat *suppl.* Nidecki ⟨te⟩ *post* delectat *prop. AKlotz* || 25 esto *Nidecki* sit *Mommsen* | est simul ⟨ferenda⟩ *prop. AKlotz in app.* || 26 maior *Hotman ex dett.* maiorum V || 28 honore *ex* honorem V^1 | molestia *ex* molestiam V^1 | eadem V^1 *mg prob. Giardina* *13–14* tamen V tam *Angeli* ⟨at⟩ tam *Pluygers 111*

es tu iudex qua ego senator.' 'ita est, sed tu istud petisti, ego hoc cogor.
quare aut iudici mihi non esse liceat aut lege senatoria non teneri.' hoc 18
vos equites Romani ius a patribus acceptum amittetis? moneo ne faciatis. rapientur homines in haec iudicia ex omni non modo invidia, sed sermone malivolorum, nisi cavetis. si iam vobis nuntiaretur in senatu sententias dici, ut his legibus teneremini, concurrendum ad curiam putaretis; si lex ferretur, convolaretis ad rostra. vos senatus liberos hac lege esse voluit, populus numquam alligavit; soluti huc convenistis, ne con-
stricti discedatis cavete. nam si Postumo fraudi fuerit, qui nec tribunus 19
nec praefectus nec ex Italia comes nec familiaris Gabini fuit, quonam se modo defendent posthac qui vestri ordinis cum magistratibus nostris fuerunt his causis implicati?

'Tu' inquit 'Gabinium ut regem reduceret impulisti.' non patitur mea 8
me iam fides de Gabinio gravius agere. quem enim ex tantis inimicitiis receptum in gratiam summo studio defenderim, hunc afflictum violare non debeo. quocum me si ante Cn. Pompei auctoritas in gratiam non re-
duxisset, nunc iam ipsius fortuna redduceret. sed tamen cum ita dicis 20
[meam me] Postumi impulsu Gabinium profectum Alexandriam, si defensioni Gabini fidem non habes, obliviscerisne etiam accusationis tuae? Gabinius se id fecisse dicebat rei publicae causa, quod classem Archelai timeret, quod mare refertum fore praedonum putaret; lege etiam id sibi licuisse dicebat. tu inimicus negas. ignosco, et eo magis quod est
contra illud iudicatum. redeo igitur ad crimen et accusationem tuam, qui 21
vociferabare decem milia talentum Gabinio esse promissa. auctor videlicet perblandus reperiendus fuit, qui hominem ut tu vis avarissimum ex-

1 qua V *cf. Giardina* quam *Novagero* | senator *del. Nidecki* | petiisti *Fabricius* | hoc] hic *Ernesti* || **2** lege senatoria non teneri *Nidecki* legem lege senatoria non timere V hinc legem [lege] senatoriam non timere *Augustinus* legem senatoriam non timere *RKlotz* || **3** Romani] ˙r˙ V || **7** ferretur *Angeli* referretur V ⟨de ea⟩ re ferretur *Mommsen* ⟨apud populum de ea⟩ re ferretur *temptavit in app. AKlotz* || **10** ex Italia *del. Nidecki* || **11** defenderint *dett.* | uestri *ex* nostri V[1] | nostris *ex* nostri V[1] || **12** fuerunt *dett.* fuerint *dett.* fuer̄ V fuere *dett.* || **13. 14** mea me iam *Muretus* mea etiam *ex* meam etiam V[1] etiam mea *dett.* iam mea *Lambin* || **14** tantis *dett.* tacitis V || **15** defenderim *dett.* defenderem V || **16** me si ante *Madvig 1855, 667* me stante *ex* me stantem V[1] stante, si me *Novagero* me stante si *RKlotz* || **17** nunc *dett.* hunc V | redduceret *Zielinski 179* reduceret V || **18** meam me *susp. habuit Poggio* || **20** r. p. V | Archelai *Hervagius* marchilei V || **21** refertum *dett.* referctum V referctus V[1] *mg* | fore *secl.* V[1] *mg* | pre *ante* predonum *del.* V[1] || **23** illud *del. Ernesti* illum *Brink 1856, 95* | qui *Lambin mg* quid V *Brink 1856, 95 signum interrogationis post* quid *posuit* *Madvig 1856, 668 signum interrogationis post* vociferabare *posuit, quod signum in* V *post* promissa *legitur* || **24** milia talentum *dett.* milia talenta *ex* talenta milia V[1] | auctor *Halm* huic V hui *Manuzio* homo *Greffe* hic *Garatoni, Brink 1856, 95* regi videlicet orator *Rau 1, 23* aliqui *Mommsen, cf. Mueller LXXIX* || **25** per⟨suasor⟩ blandus *Hotman* blandus *Rau* puer blandus *cod. Herculis Ciofani* | ⟨Postumus⟩ *vel* ⟨perblande⟩ exoraret *Brink 1856, 95* oraret, ⟨ne⟩ HS bis miliens et quadringentiens magno opere contemneret. Gabinius illud quoquo consilio fecit, fecit certe suo; quaecumque mens illa fuit, Gabini fuit. sive ille ut ipse dicebat gloriam, sive ut tu vis pecuniam quaesivit, sibi ⟨quaesivit. hic⟩ non Gabini comes vel sectator nec ad Gabini, cuius id negotium non erat, sed ad P. Lentuli clarissimi viri auctoritatem a senatu profectam et consilio certo et spe non dubia Roma contenderat.

22 At dioecetes fuit regius. et quidem in custodia etiam fuit regia, et vita
ei ablata paene est; multa praeterea quae libido regis, quae necessitas
coegit perferre pertulit. quarum omnium rerum una reprehensio est, quod
regnum intrarit, quod potestati ⟨se⟩ regis commiserit. verum si quaeri-
mus, stulte. quid enim stultius quam equitem Romanum ex hac urbe,
huius inquam rei publicae civem, quae est una maxime et fuit semper
9 23 libera, venire in eum locum ubi parendum alteri et serviendum sit? sed
ego in hoc tandem Postumo non ignoscam, homini mediocriter docto,
quo videam sapientissimos homines esse lapsos? virum unum totius
Graeciae facile doctissimum, Platonem, iniquitate Dionysi Siciliae tyranni,
cui se ille commiserat, in maximis periculis insidiisque esse versatum
accepimus; Callisthenem doctum hominem comitem Magni Alexandri ab
Alexandro necatum; Demetrium et ex re publica, Athenis quam optime
gesserat, et ex doctrina nobilem et clarum, qui Phalereus vocitatus est, in

1 ⟨ne⟩ HS bis miliens et quadringentiens *Giardina* SS bis milies sed quadringenties **V** (sed *in* et *corr.* V^1 *mg*) sestertium bis milies et quadringenties *Novagero* HS *post* miliens *AKlotz* ⟨ne⟩ *ante* magno *suppl. Angeli* | magnopere **V** || **4** ⟨quaesivit. hic⟩ non *supplevi* ⟨quaesivit.⟩ num *RKlotz* ⟨quaesivit⟩*** non *Halm* ⟨quaesivit⟩ sibi. num *Novagero* ⟨quaesivit⟩ sibi. ⟨Postumus⟩ non *Brink 1856, 95–96* ⟨non Rabirio quaesivit. Rabirius enim⟩ non *Madvig 1884, 150 quod prob. AKlotz in app. sed in praef. LXII nomen Postumi pro Rabiri substituit quod rec. Giardina* ⟨ita factum est, ut sua sponte Postumus⟩, non *Mommsen* | vel sectator *del. Mueller quod prob. AKlotz sed frustra, cf. Rab. Post. 7* nec … comes nec familiaris Gabini fuit | ⟨erat⟩ *post* sectator *suppl. Brink 1856, 96* || **5** nec ad *Halm 1855, 652, Madvig 1855, 665* negat **V** negat. non ad *Novagero* negat. non enim ad *Fabricius* || **5.6** c. u. **V** || **7** Romam *Novagero* | contenderat *Orelli* contenderet **V** || **8** dioecetes *Beroaldo* diogenes **V** | ⟨vis⟩ vitae *Madvig 1855, 668* ⟨vis⟩ *post* eius *Baiter* || **9** ei *ex* eius V^1 | ablata *ex* allata V^1 oblata *Novagero* || **10** ferre *Novagero* | quarum *Novagero* quare **V** quae *dett.* || **11** ⟨se⟩ *Novagero* ⟨se⟩ *post* regis *temptavit in app. Halm rec. Giardina, cf. contra Nisbet 133* || **12** Romanum] ˙r˙ **V** | ex hac urbe *del. Nidecki* || **15** ego *om. cod. Hotmani* | tandem] tamen *cod. Hotmani* tantum *Nidecki* labenti *vel* offendenti *Kayser 1855, 653* | non *del. RKlotz* | docto *ex* ducto V^1 || **16** ⟨in⟩ quo *Angeli, sed cf. dom. 108* qui *cod. Hotmani* quum *RKlotz* || **17** iniquitate *dett.* iniquitatem **V** | tyranni *ex* et s tyrannide V^1 || **18** cui V^1 cuius **V** | insidiisque *Carbo* insidiis mediisque **V** mediisque in insidiis *Halm* || **20** r. p. **V** | Athenis *del. Madvig post* optime *transp. Brink 1874, 85* Atheniensi *Lambin* | Athenis quam optime gesserat *del. Halm 1855, 660–661* | quam *suppl.* V^1 || **21** gesserat *dett.* digesserat **V** diu gesserat *temptavit Mueller* | qui Phalereus vocitatus est *del. Halm 1855, 661 post* **20** Demetrium *transp. Nidecki*

eodem isto Aegyptio regno aspide ad corpus admota vita esse privatum.
plane confiteor fieri nihil posse dementius quam scientem in eum locum 24
venire ubi libertatem sis perditurus. sed huius ipsius facti stultitiam alia
iam superior stultitia defendit, quae facit ut hoc stultissimum facinus,
quod in regnum venerit, quod ⟨se⟩ regi commiserit, sapienter factum
esse videatur, siquidem ⟨non⟩ tam semper stulti quam sero sapientis est,
cum stultitia sua impeditus sit, quoquomodo possit se expedire. quam- 25
obrem illud maneat et fixum sit quod neque moveri neque mutari potest:
in quo aequi sperasse Postumum dicunt, peccasse iniqui, ipse etiam in-
sanisse se confitetur, quod suam, quod amicorum pecuniam regi credi-
derit cum tanto fortunarum suarum periculo, hoc quidem semel suscepto
atque contracto ⟨opera⟩ perficienda fuerunt, ut se aliquando ac suos vin-
dicaret. itaque obicias licet quam voles saepe palliatum fuisse, aliqua
habuisse non Romani hominis insignia, quotiens eorum quippiam dices,
totiens unum dices atque idem, temere hunc pecuniam regi credidisse,
suas fortunas atque famam libidini regiae commisisse. fecerat temere, 26
fateor; mutari factum iam nullo modo poterat: aut pallium sumendum
Alexandriae, ut ei Romae togato esse liceret, aut omnes fortunae ab-
iciendae, si togam retinuisset. deliciarum causa et voluptatis non modo **10**
civis Romanos, sed et nobilis adulescentis et quosdam etiam senatores
summo loco natos non in hortis aut suburbanis suis, sed Neapoli in cele-
berrimo oppido †maeciappella† saepe videri chlamydatum illum L. Sul- 27

1 isto] illo *Halm* loco *ex dett. rec. Kayser 1855, 652 et* Aegyptio regno *del.* | egyptio *ex* egypto **V**^{1} Aegypti *Novagero* phalerio *dett.* Phario *Turnèbe* ‖ **3** ipsius *Halm 1855, 642* istius **V** posterioris *Weiske* | alia *Halm* mali iam **V** illa *Halm 1855, 643* maior *ex dett. Novagero* ‖ **4** defendit *ex* defendi **V**^{1} | facinus *del. Ernesti* ‖ **5** ⟨se⟩ *suppl. Halm post* regi *add. dett.* ‖ **6** ⟨non⟩ *suppl. Hotman* | tam *ex* iam **V**^{1} ‖ **8** et *ex* ex **V**^{1} ‖ **9** aequi sperasse *ex* sperasse aequi **V**^{1} ‖ **11** ⟨ubi⟩ *ante* hoc *suppl. dub. in app. AKlotz* | suscepto **V**^{1} (o *supra* u *scriptum*) susceptum **V** ‖ **12** contracto **V** contractum **V**^{1} (u *supra* o *scriptum*) | ⟨opera⟩ perficienda *conieci* perpetienda *ex* perpetienda per **V**^{1} | ⟨illa⟩ *post* perpetienda *add. Novagero, cf. contra AKlotz* ⟨ubi est, eundum Alexandriam et reliqua⟩ *Mommsen* ⟨etiam reliqua ei⟩ *AKlotz* ⟨omnia⟩ *Boulanger* | ac *Turnèbe* ad **V** *def. Ernesti sed frustra* at⟨que⟩ *prop. AKlotz* ‖ **15** totiens *ex* totius **V**^{1} | atque idem *Lambin* atque illud **V** illud *Nidecki* atque ⟨idem⟩ illud *Mueller* | temere *ex* timere **V**^{1} ‖ **17** ⟨erat⟩ *post* poterat *add. Halm* ‖ **18** ei *ex dett. Nidecki* et **V** | romae *ex* romano **V**^{1} ‖ **20** ⟨notos⟩ civis *Clark* | civis Romanos, sed et *del. Halm 1855, 661* | cives Romanos non modo nobiles adulescentes, sed quosdam senatores *Thormeyer 51* | Romanos] ˙r˙ **V** -os **V**^{1} *suprascripsit* | et^1 **V**^{1} ne **V** | et^2] sed *Halm* ‖ **21** *post* natos *lac. susp. Mommsen* ‖ **22** oppido *ex* oppidi **V**^{1} | maeci appella **V** cum mitrella *Novagero* cum mitella *Hervagius* cum † maeciapella saepe videmus *Halm* cum soccis ac pallio *Koch 17* cum Graeca palla saepe videmus *RKlotz, Georges 477* cum chlanide (*1856, 97* mitra), quam Graeci appellant, saepe vidi; videmus *etc. Brink 1874, 85 post* oppido *secundum Val. Max. 3, 6, 3*: memini ambulantem saepe videri *etc. Mommsen* in manicata palla saepe videri *Reid* spatiari pallia⟨tos omnibus notissimum est atque ipse memini⟩ saepe videri *etc. prop. Thormeyer 51* in tunica pulla saepe vidi. ibidem multi viderunt *etc. Clark* Graeco

lam imperatorem. L. vero Scipionis, qui bellum in Asia gessit ⟨Antiochumque⟩ devicit, non solum cum chlamyde, sed etiam cum crepidis in Capitolio statuam videtis; quorum impunitas fuit non modo a iudicio, sed etiam a sermone. facilius certe P. Rutilium Rufum necessitatis excusatio defendet; qui cum a Mithridate Mytilenis oppressus esset, crudelitatem regis in togatos vestitus mutatione vitavit. ergo ille P. Rutilius, qui documentum fuit hominibus nostris virtutis antiquitatis prudentiae, consularis homo soccos habuit et pallium; nec vero id homini quisquam, sed tempori assignandum putavit: Postumo crimen vestitus afferet is in
28 quo spes fuit posse se aliquando ad fortunas suas pervenire? nam ut ventum Alexandream est, iudices, haec una ratio a rege proposita Postumo est servandae pecuniae, si curationem et quasi dispensationem regiam suscepisset. id autem facere non poterat, nisi dioecetes – hoc enim nomine utitur qui ⟨est⟩ a rationibus – esset constitutus. odiosum negotium Postumo videbatur, sed erat nulla omnino recusatio. molestum etiam nomen ipsum, sed res habebat nomen hoc apud illos, non hic imposuerat. oderat vestitum etiam illum, sed sine eo nec nomen illud poterat nec munus tueri. ergo aderat 'vis' ut ait poeta ille noster 'quae summas frangit infirmatque opes'.
29 'Moreretur' inquies; nam id sequitur. fecisset certe, si sine maximo
11 dedecore tam impeditis suis rebus potuisset emori. nolite igitur fortunam convertere in culpam, neque regis iniuriam huius crimen putare, nec consilium ex necessitate nec voluntatem ex vi interpretari, nisi forte eos

pallio ⟨uti videmus. ibidem multi⟩ saepe videre chlamydatum ambulare (*vel* ipsum) L. Sullam imperatorem *temptavit in app. AKlotz* Macci Atellani *vel* multicia palla *vel* municipales *temptavit Giardina* | uideri V uidere V^1 *Giardina, cf. contra Nisbet 133* videmus *Novagero* vidimus *Nidecki* | illum del. *Ernesti* etiam *Bake 1859, 197*

1 Antiochumque V^{rec} *in lac.* Aristonem V^{rec} *mg* || 2 crepidis in V^1 crepidinis V || 3 impunitas *ex* impunita V impunita ⟨liberta⟩s *Wurm* || 4 ⟨omnium⟩ *post* sermone *suppl. Clark* ⟨populi⟩ *prop. in app. AKlotz* || 7 qui V^1 quod V | documentum V^1 *mg* decommentum V | antiquitatis] sanctitatis *Lambin* || 8 nec *ex* se nec V^1 | ⟨ideo⟩ id *Novagero* | ⟨tum⟩ quisquam *Novagero* || 8.9 quisquam sed tempori *ex* sed tempori quisquam V^1 || 9.10 inquo V || 10 ⟨uno⟩ *post* quo *suppl. Nidecki* | se *Nidecki* sese V | nam ut . . . 13 suscepisset *Quint. inst. 4, 2, 18* || 11 est *ante* iudices *Quint.* *post* uentum V | ⟨ad Auletem⟩, iudices *Novagero* | iudices *ex* audies V^{rec} *Quint.* || 12 regiam V *Quint.* regiae *Nidecki* || 13 facere *del. Nidecki* | dioecetes *Angeli* diocetes V | hoc . . . 14 utitur *del. Nidecki* || 14 qui ⟨est⟩ a rationibus *Ronconi apud Giardina quod prob. Nisbet 133* qui aretie *in* quiaretie V^1 qui a rege *dett.* qui ea regit *Madvig 1855, 668* qui regi est a reditibus *Brink 1856, 97* qui gazae regiae praepositus est *prop. in app. Halm* qui pecuniam regiam redigit *RKlotz* qui arcae regiae praeest *Mueller LXXX* qui procurator *prop. Giardina* || 16 hic *Angeli* hoc V || 18–19 *TRF inc. inc. 149 R.* || 21 impeditis *Angeli* impudentis V in pudendis *Halm 1855, 652–653* | emori *del. Nidecki* mori *maluit Halm* | noli *Clark, sed cf. contra AKlotz* || 22 putare *ex* punire V^1

etiam qui in hostis aut in praedones inciderint, si aliter quippiam coacti faciant ⟨ac⟩ liberi, vituperandos putetis. nemo nostrum ignorat, etiamsi experti non sumus, consuetudinem regiam. regum autem sunt haec imperia: 'animadverte ac dicto pare' et 'praeter rogitatum si quid' et illae minae: 'si te secundo lumine hic offendero, moriere'; quae non ut delectemur solum legere et spectare debemus, sed ut cavere etiam et fugere discamus.

At ex hoc ipso crimen exoritur. ait enim, Gabinio pecuniam ⟨cum⟩ 30
Postumus cogeret, decumas imperatarum pecuniarum sibi coegisse. non intellego hoc quale sit, utrum accessionem decumae, ut nostri facere coactores solent ⟨in⟩ centesima, an decessionem de summa fecerit. si accessionem, undecim milia talentum ad Gabinium pervenerunt. at non modo abs te decem milia obiecta sunt, sed etiam ab his aestimata. addo 31
illud etiam: qui tandem convenit aut tam gravi onere tributorum ad tantam pecuniam cogendam mille talentum accessionem esse factam, aut in tanta mercede hominis ut vis avarissimi mille talentum decessionem esse concessam? neque enim fuit Gabini remittere tantum de suo, nec regis imponere tantum pati suis. aderant testes legati Alexandrini duo. nihil in Gabinium dixerunt; immo ii Gabinium laudaverunt. ubi ergo ille mos, ubi consuetudo iudiciorum, ubi exempla? solet is dicere in eum qui pecuniam ⟨redegit⟩, qui in illum cuius nomine ea pecunia redigeretur

1 hostis **V**[1] *mg* hospites **V** | ⟨illiber⟩aliter *Kayser 1855, 654* liberi *deleto* || **2** ⟨ac⟩ *add. Madvig* ⟨quam⟩ *ex dett. suppl. Angeli* | liberi *Greffe* libere **V** *del. Halm 1855, 658 prob. Kayser 1855, 654* | putetis *Nidecki* putes **V** || **3** autem] enim *Nidecki prob. Mueller LXXX* | sunt haec] haec sunt *Ernesti* || **4** *TRF inc. inc. 156 R.* | animum advorte *Scaliger* | ac *dett.* ad **V** et *Novagero* | *TRF inc. inc. 158 R.* | si quid *Halm* sit pie **V** si quaerare *Manuzio* is loquare *Hotman et Lambin* si sapies *Bergk 310* sile *Luterbacher 230* si plus *Clark, cf. Flacc. 10* si quippiam *Angeli* || **5** *Enn. scaen. 264 V.*², *cf. Cic. Att. 7, 26, 1* si te secundo lumine hic offendero | hic *Att. 7, 26, 1* hoc **V** || **6** solum **V**[1] si dum **V** | et fugere *ex dett. Nidecki* effugere **V** et effugere *Novagero* || **7** discamus *dett.* ducamus **V** dicamur **V**[1] || **8** ⟨cum⟩ *post* pecuniam *Nisbet 133* ⟨cum⟩ *suppl. ante* Gabinio *Lambin* ⟨dum⟩ *Novagero* *post* Gabinio ⟨dum⟩ *Madvig 1855, 668* ⟨cum⟩ *post* Gabinio *AKlotz* ⟨cum⟩ *post* Postumus *RKlotz* || **9** *post* cogeret *interpunxit* **V** | decumas *Madvig 1855, 669* decumis **V** ex decumis *Novagero* | imperatarum *Madvig ex dett.* imperatorum **V** imperatis *Lambin mg* | pecuniarum **V** pecuniam **V**[1] || **11** ⟨in⟩ *Halm ex dett.* | centesima *Novagero* centima **V** centesimae *Fabricius* || **13** his *ex dett. Novagero* iis **V** || **14** ⟨in⟩ tam *Kayser* | oneri *Nidecki* | ad *ex* ac **V**[1] *post* tantam *AKlotz* || **14–15** ad tantam . . . cogendam *susp. habuit Nidecki* || **15** mille talentum *secl. AKlotz* || **16** de tanta *Nidecki* tantam de *Mueller* tantam in *Madvig 1884, 150* | mille talentum *del. Madvig* || **17. 18** tantum de suo nec regis imponere *bis* **V** || **18** imponi *Greffe* | tantum pati] tanto plus *Hotman* | pati *secl. Nidecki* | aderant *in* aderunt **V**[1] at erunt *Madvig* | Alexandrini duo *Giardina* alexandrini ˙II˙ **V** Alexandrini ii *vel* hi *edd. ex dett.* || **20** ille *susp. habuit Ernesti* | solet is *ex dett. Halm* soletis **V** soletne is *Novagero* || **21** pecuniam *Carbo* pecunia **V** | ⟨redegit⟩ *post* pecuniam *suppl. Novagero* *ante* pecuniam *prop. AKlotz* | qui in *dett.* quin **V**

32 non dixerit? age, si is qui non dixit solet, etiamne is solet qui laudavit?
isdem testibus, et quidem non productis, sed dictis testium recitatis, quasi
12 praeiudicata res ad has causas deferri solet. et ait etiam meus familiaris
et necessarius eandem causam Alexandrinis fuisse cur laudarent Gabi-
nium, quae mihi fuerit cur eundem defenderem. mihi, C. Memmi, causa
defendendi Gabini fuit reconciliatio gratiae. neque me vero paenitet
33 mortales inimicitias, sempiternas amicitias habere. nam si me invitum
putas, ne Cn. Pompei animum offenderem, defendisse causam, et illum
et me vehementer [defendissem] ignoras. neque enim Pompeius me sua
causa quicquam facere voluisset invitum, neque ego, cui omnium civium
libertas carissima fuisset, meam proiecissem. ⟨nec⟩ quamdiu inimicissi-
mus Gabinio fui, non amicissimus mihi Cn. Pompeius fuit, nec posteaquam
illius auctoritati eam dedi veniam quam debui, quicquam simulate ⟨egi⟩,
ne cum mea perfidia illi etiam ipsi facerem cui beneficium dedissem iniuriam.
nam non redeundo in gratiam cum inimico non violabam Pompeium; si
per eum reductus insidiose redissem, me scilicet maxime, sed proxime
34 illum quoque fefellissem. at de me omittamus, ad Alexandrinos istos re-
vertamur. quod habent os, quam audaciam! modo vobis inspectantibus
in iudicio Gabini tertio quoque verbo excitabantur; negabant pecuniam
Gabinio datam. recitabatur identidem Pompei testimonium regem ad se
scripsisse nullam pecuniam Gabinio nisi in rem militarem datam. 'non
est' inquit 'tum Alexandrinis testibus creditum.' quid postea? 'creditur
35 nunc.' quamobrem? 'quia nunc aiunt quod tum negabant.' quid ergo?
ista condicio est testium, ut, quibus creditum non sit negantibus, isdem
credatur aientibus? at si verum tunc severissima fronte dixerunt, nunc

1 *utrumque* solet *secl. Pluygers 112* || **2** iisdem *Novagero* | testium] tantum *Nidecki* eorum *Garatoni del. dub. Halm, sed cf. contra AKlotz* || **3** ad *ex* ab V^1 | deferri] adferri *Turnèbe* | et] sed *Brink 1874, 86* || **5** fuerit *Manuzio* fuerat V | eundem] eum *Halm* || **6** defendendi *ex* defendi V^1 || **7** habere *ex* ar habere V gerere *Lambin* | inuitum V inductum V^1 *mg* || **8** ne V^1 nec V | defendisse V^1 *mg* (*post* offenderem *vel post* causam) | causam *del. Halm* ⟨et⟩ causam *Lambin* || **9** uehementer *ex* hementer V^1 | defendissem *susp. habuit Poggio* || **10** quidquam *Fabricius* || **11** ⟨nec⟩ *Madvig 1856, 1456* || **12** Cn. *Clark* non V *secl. Madvig* | ⟨ego⟩ *post* nec *Wurm* || **13** auctoritati *Lambin* auctoritate V | quidquam *Fabricius* | simulare *vel* simulaui *dett.* simulavi *Novagero* | ⟨egi⟩ *Halm prob. Nisbet 133* ⟨feci⟩ *suppl. RKlotz* ⟨feci⟩ *ante* simulate *temptavit in app. AKlotz* || **14** ne *dett.* nec V | cum] enim *dett.* eum *Fabricius* || **16** me] hunc *Koch 1868, 17* || **17** quoque V^1 *mg* quem V | at] ac *Mueller* || **19** in iudicio Gabini *del. Pluygers 112* || **20** recitabatur *ex* recitabantur V^1 || **22** postea creditur. V postea creditum? *Muretus* postea credendum? *Hotman* credetur *Manuzio* || **23** $nunc^1$ *Manuzio* non V *del. Muretus* | negabant *vel* negabatur V^{cp} (*compendium incertum*) | quid ergo V (*signo interrogationis omisso*) quae ergo *Nidecki ex dett.* quid? ergo *Lambin* || **24** isdem *dett.* iisdem V || **25** aientibus *anon. apud Orelli, cf. top. 49* dicentibus V | at *ex* ad V^1 | tunc *Madvig 1855, 670* tum V cum *dett.* | dixerunt *post* tum *suppl. Hotman* *post* uerum *Lambin* | severissima *Hotman, cf. Plaut. Mil. 201* est uerissima V est *del. et* cum *mg add.* V^1 verissima *Giardina* cum verissima *Novagero* mentiuntur; si tunc mentiti sunt, doceant nos, verum quo vultu soleant dicere. audiebamus Alexandriam, nunc cognoscimus. illim omnes praestigiae, illim inquam omnes fallaciae, omnia denique ab his mimorum argumenta nata sunt. nec mihi longius quicquam est, iudices, quam videre hominum vultus. dixerunt hic modo nobiscum ad haec subsellia quibus su- 13 36 perciliis renuentes huic decem milium crimini! iam nostis insulsitatem Graecorum; umeris gestum agebant tum temporis credo causa; nunc scilicet tempus nullum est. ubi semel quis peieraverit, ei credi postea, etiamsi per pluris deos iuret, non oportet, praesertim, iudices, cum in his iudiciis ne locus quidem novo testi soleat esse, ob eamque causam idem iudices retineantur qui fuerint de reo, ut iis nota sint omnia neve quid fingi novi possit.

QVO EA PECVNIA PERVENERIT non suis propriis iudiciis in rem rei facti 37 condemnari solent. itaque si aut praedes dedisset Gabinius aut tantum ex eius bonis quanta summa litium fuisset populus recepisset, quamvis magna ad Postumum ab eo pecunia pervenisset, non redigeretur; ut intellegi facile possit quod ex ea pecunia, quam ceperat qui damnatus est, pervenisse ad aliquem in illo primo iudicio planum factum sit, id hoc genere iudicii redigi solere. nunc vero quid agitur? ubi terrarum sumus? quid tam pervorsum praeposterum⟨que⟩ dici aut excogitari potest? ac- 38

1 ⟨nunc⟩ doceant *Orelli* | nos *ex* uos **V**¹ nunc *Hotman* | ⟨esse⟩ *post* verum *suppl. Hotman* | quo vultu soleant *Madvig 1855, 670* quid uultu sileant **V** quid vultis? sileant *Novagero* quid multa? sileant *Orelli* quod vultis aut sileant *Hotman* || 2 dici *RKlotz del. Orelli* | de Alexandria *RKlotz* || 2–3 illim ... illim *Wesenberg 125 prob. Halm, cf. har. resp. 42* illim ... illum **V** illum ... illum *vel* illinc ... illinc **V**¹ illinc ... illinc *Novagero* illius (*post* omnes) ... illinc *RKlotz* || 3 iis *dett.* | mimorum *ex dett. Turnèbe* minorum **V** nummorum **V**¹ *mg* rumorum **V**¹ *mg* malorum **V**¹ *mg* || 4 quidquam *Fabricius* || 5 ⟨horum⟩ hominum *Brink 1874, 86* | uultus *ex* uultis **V**¹ || 7 tum *del. Madvig 1856, 1456* | causa *ex* cause **V**¹ || 8 ⟨sed⟩ ubi *Madvig 1856, 1456* ⟨at⟩ ubi *Hotman* | quis peieraverit *Cratander* quisi errauerit **V** quis deierauerit **V**¹ | ei **V**¹ et **V**cp | plures *RKlotz* || 10 idem *in* iidem **V**¹ iidem *Novagero* || 11 fuerint *ex* fuerit **V**¹ sederint *Hotman, sed ref. Garatoni qui Rab. Post. 10 et Cluent. 105 laudavit* | his *Novagero* | neve *Nidecki* neque **V** || 12 *ante* QVO *lac. susp. Halm* ⟨lites⟩ *suppl. Novagero* ⟨lites enim⟩ *Hotman* ⟨qui causam dicunt⟩ *temptavit in app. Halm* | iudiciis] vindiciis *Rau 2, 51* *crucem post* iudiciis *posuerunt Mommsen, Halm, AKlotz* | in rem rei facti *Ronconi apud Giardina* in reum facti **V** in rem facti *dett.* ⟨sed⟩ in reum factis *Novagero* rei facti *Madvig 1855, 670–671* in discrimen vocati *vel* ⟨sed alium⟩ in reum ⟨constitutas rei⟩ facti *prop. AKlotz* ⟨rei⟩ non suis propriis iudiciis, ⟨sed⟩ in rem actionibus condemnari solent *temptavit Giardina* facti *del. Mommsen* || 14 recepisset] redegisset *vel* reciperasset *Lambin* || 16 quam ceperat qui damnatus est *Giardina* que ad quem eorum qui damnatus est **V** *cruce notavit Novagero* (pecuniam) quam ceperit is, qui damnatus est *Cujas* qua reorum qui damnatus sit *Madvig 1855, 671* quae ad aliquem reum qui damnatus est ⟨venisset⟩ *Clark* ad quem comitum eius q. d. e. *Greffe* ad quem sociorum eius *prop. Ernesti in app.* || 17 ad aliquem *del. Novagero* | hoc] in hoc *dett.* || 18 solere *in* soleret **V**¹ || 19 ⟨tam insolens⟩ tam *Carbo* | peruersum *dett. del. Halm 1855, 662* | ⟨tam⟩ praeposterum *Bade* ⟨atque⟩ praeposterum *prop. Halm, prob. AKlotz* | praeposterumque *prop. Halm 1855, 662* preposterum **V** praeposterumve *Cratander* | ppotest **V**

cusatur is qui non abstulit a rege, sicut Gabinius iudicatus est, sed qui
maximam regi pecuniam credidit. ergo is Gabinio dedit, qui huic non
reddidit. iam cedo, cum is qui pecuniam Postumo debuit, non huic, sed
Gabinio dederit, condemnato Gabinio utrum illo ⟨capite⟩ QVO EA PECVNIA
14 sit an VNDE EA? at habet et celat, sunt enim qui ita loquantur. quod genus
tandem est istud ostentationis et gloriae? si nihil habuisset umquam,
tamen si quaesisset, cur se dissimularet habere causa non esset. qui vero
duo lauta et copiosa patrimonia accepisset remque praeterea bonis et
honestis rationibus auxisset, quid esset tandem causae cur existimari
39 vellet nihil habere? an cum credebat inductus usuris, id agebat ut haberet
quam plurimum, posteaquam exegit quod crediderat, ut existimaretur
egere? novum genus hoc gloriae concupiscit. 'dominatus est enim' inquit
'Alexandriae.' immo vero in superbissimo dominatu fuit; pertulit ipse
custodiam, vidit in vinclis familiaris suos, mors ob oculos saepe versata
40 est, nudus atque egens ad extremum fugit e regno. at permutata ali-
quando pecunia est, ⟨sub⟩ductae naves Postumi Puteolis sunt, auditae
visaeque merces. fallaces quidem et fucosae, chartis et linteis et vitro
dilatatae, quibus cum multae naves refertae fuissent, summa non potuit

1 gabinius *ex* gabinium V^{1} || 2 qui *del. Kayser 1853, 652* | huic non *Lambin* non huic *ex* non hic V^{1} || 3 iam cedo *Angeli* iam accedo V ac credo V^{1} *mg* iam credo *Fabricius* itane? age cedo *Clark, cf. contra AKlotz* || 4 gabinio^{1} *ex* postumo gabinio V^{1} || 4.5 utrum illo capite QVO EA PECVNIA sit an VNDE EA? *temptavi* utrum †illa† QVO EA PECVNIA sit an VNDE EA? *Giardina 15* utrum illa quo ea pecunia sit a nunc de ea? V (sit a *ex* sita V^{1}) utrum ille eam pecuniam reddidit an etiam nunc debet *Angeli* (illi *Novagero mg*) utrum illa quo ea pecunia ⟨pervenerit inquisitio convenit in hunc an non convenit, cui ea pecunia⟩ etiam nunc deest? *Mommsen* (*prob. AKlotz qui pro* deest *prop.* debetur) utrum † illa quo ea pecunia sit an nunc de ea? *Halm* utrum illi acquirenda pecunia sit an huic reddenda *Madvig 1884, 151* utrum illi quo ea pecunia pervenerit (*hoc Reid*) an huic dicenda causa est *Clark* || 5 enim *dett.* etenim V || 7 quaesisset] acquisisset *Nidecki* | se *Muretus* si V is V^{1} *mg del. Madvig* | habere *del. Madvig* || 11 crediderat *bis* V^{ac} | ⟨id⟩ ut *Kayser* || 12 concupiscit? V concupivit *prop. Ernesti* || 13 dominatu *ex* donatu V^{1} || 14 vinculis *Ernesti* || 15 permutata] pervecta *Mommsen* | aliquando] aliunde *Hotman* || 16 subductae *Madvig 1856, 1457* dicte *in* ducte V^{1} ductae *Novagero* actae *Lambin* ducentae *Mommsen* delatae *Clark* deductae *Boulanger* | Puteolos *Clark Boulanger* || 17 visaeque. merces *Mommsen* | ⟨e⟩ chartis *Clark* | linteis *ex* lenteis V^{1} || 18 dilatatae *Pascal Monet, cf. Havet 130* delate *ex* delete V^{1} celatae *Lambin* uelatae *cod. Turnèbe* delatis *Mommsen* | refercte *ex* reperte V^{1} | fuissent] essent *Ernesti in app.* | summa non potuit parari. cataplus *Mommsen* una non potuerit parua arcata. plus V una non patuit, pecunia artata. plus *Nidecki* una non patuit parva artata. plus *Novagero mg* una non patuit parva. cataplus *Turnèbe* una non potuit parva atque arta. quid amplius? *Hotman* † una non potuerit parva. cataplus *Halm* una opus fuerit parva arca. cataplus *Madvig 1884, 151* naulum non potuit parari. cataplus *Clark* (naulon *Giardina 16*), *cf. contra Michel 466 qui* una *def.*

parari. cataplus ille Puteolanus, sermo illius temporis, vectorumque cursus atque ostentatio, tum subinvisum apud malivolos Postumi nomen propter opinionem pecuniae nescioquam aestate una, non pluribus, auris refersit istis sermonibus.

15 41 Verum autem, iudices, si scire voltis, nisi C. Caesaris summa in omnis, incredibilis in hunc quaedam liberalitas extitisset, nos hunc [Postumum] iam pridem in foro non haberemus. ille onera multorum huius amicorum excepit unus, quaeque multi homines necessarii secundis Postumi rebus discripta sustinuerunt, nunc eius afflictis fortunis universa sustinet. umbram equitis Romani et imaginem videtis, iudices, unius amici conservatam auxilio et fide. nihil huic eripi potest praeter hoc simulacrum pristinae dignitatis, quod Caesar solus tuetur et sustinet. quae quidem in miserrimis rebus huic tamen tribuenda maxima est; nisi vero hoc mediocri virtute effici potest ut tantus ille vir tanti ducat hunc, et afflictum praesertim et absentem, et in tanta fortuna sua, ut aliena respicere magnum sit, tanta occupatione maximarum rerum quas gerit atque gessit, ut oblivisci aliorum non sit mirum, vel si meminerit, oblitum etiam facile possit probare. multas equidem C. Caesaris virtutes magnas incredibi- 42 lisque cognovi, sed sunt ceterae maioribus quasi theatris propositae et paene populares. castris locum capere, exercitum instruere, expugnare urbes, aciem hostium profligare, hanc vim frigorum hiemumque, quam nos vix huius urbis tectis sustinemus, excipere, his ipsis diebus hostem persequi, [tum] cum etiam ferae latibulis se tegant atque omnia bella iure gentium conquiescant – sunt ea quidem magna – quis negat? –, sed magnis excitata sunt praemiis ad memoriam hominum sempiternam. quo minus admirandum est eum facere illa qui immortalitatem concu-

1 ac *ante* sermo *exp.* **V**^{1} | sermo illius temporis *del. Orelli* | cursus *ex* ursus **V**^{1} uisus **V**^{1} *mg* || **3** aestate una *Orelli* aestatem una **V** aestatem unam *Novagero* | non pluribus **V** *in* non plures *corr.* **V**^{1} *mg* non amplius *Muretus* complures *Novagero, cf. contra Madvig 1828, 132* || **4** refersit **V**^{1} *mg* refer sed **V** || **5** uoltis **V** || **6** *post* incredibilis *interpunxerunt multi edd.* | quaedam *correxi* eadem **V** *del. Kayser* eundem *Nidecki* eiusdem *prop. Halm in app. sed in t. cruce notavit* et divina *Madvig 1884, 151–152* | Postumum *del. Manuzio* || **8** unus *ex* unum **V**^{1} | homines *dett.* hominis **V** | necessarii *ex* necessaris **V**^{1} || **9** discripta *Kayser* descripta **V** | eius] unus *vel* ⟨unus⟩ universa *Nidecki* || **10** Romani] ˙r˙ **V** || **12** quod] quam *Brink 1856, 98* | ⟨C.⟩ Caesar *Halm* || **13** est *post* tribuenda *Novagero* || **14** et *del. Angeli* || **15** et^2] est enim *Brink 1856, 98* | sua *ex* tua **V**^{1} | alienam *Nidecki* || **16** ⟨et in⟩ tanta *Lambin* ⟨et⟩ tanta *Halm* | occupatione *anon. apud Lambin, cf. Nisbet 133* oppugnatione **V** || **17** ut *dett.* uel **V** ⟨ut⟩ uel *dett.* | vel . . . **18** probare *del. Weiske, ref. AKlotz* | etiam **V**^{1} *mg* esset **V**^{cp} esse *dett.* esse se *Nidecki* || **20** populares *dett.* popularis **V** || **21** hiemumque *Nidecki* hiememque **V**^{cp} hiemisque *AKlotz* || **22** his *in* iis **V**^{1} iis *Halm* | ipsis *ex* ipsi **V**^{1} || **23** tum *del. Nidecki* | fere latibulis se tegant **V**^{1} *mg* ferenti bulis sentegant **V** | iure] more *Lehmann 453* || **25** excitantur *Madvig 1855, 1457* | ad memoriam . . . sempiternam] ac memoria . . . sempiterna *Madvig 1855, 1457* | serpiternam **V** || **26** concupiuerit *dett.* concupiuerat **V** concupierit *temptavit in app. AKlotz*

16 **43** piverit. haec rara laus est, quae non poetarum carminibus, non annalium monumentis celebratur, sed prudentium iudicio expenditur. equitem Romanum veterem amicum suum studiosum amantem observantem sui, non libidine, non turpibus impensis cupiditatum atque iacturis, sed experientia patrimonii amplificandi labentem excepit, corruere non sivit, fulsit et sustinuit re fortuna fide, hodieque sustinet nec amici imprudentis ruinam patitur. nec illius animi aciem praestringit splendor sui nominis,
44 nec mentis quasi luminibus officit altitudo fortunae et gloriae. sint sane illa magna, quae re vera magna sunt: de iudicio animi mei ut volet quisque sentiat; ego enim hanc in tantis opibus, tanta fortuna liberalitatem in suos, memoriam amicitiae reliquis virtutibus omnibus antepono. quam quidem vos, iudices, eius in novo genere bonitatem inusitatam claris ac praepotentibus viris non modo ⟨non⟩ aspernari ac refutare, sed complecti etiam et augere debetis, et eo magis quod videtis hos quasi sumptos dies ad labefactandam illius dignitatem. ex qua illi nihil detrahi potest quod non aut fortiter ferat aut facile restituat. amicissimum hominem si honestate spoliatum audierit, nec sine magno dolore feret nec id amiserit quod posse speret recuperari.

17 **45** Satis multa hominibus non iniquis haec esse debent, nimis etiam multa vobis quos aequissimos esse confidimus. sed ut omnium vel suspicioni vel malivolentiae vel crudelitati satis fiat: 'occultat pecuniam Postumus, latent regiae divitiae.' etquis est ex tanto populo qui bona C. Rabiri Postumi nummo sestertio sibi addici velit? sed miserum me, quanto hoc dixi cum dolore! hem, Postume, tune es ⟨C.⟩ Curti filius, C. Rabiri iudicio et voluntate filius, natura sororis filius? tun ille in omnis tuos liberalis, cuius multos bonitas locupletavit, qui nihil profudisti, nihil ullam in libi-

1 rara *temptavi* mira **V** vera *Nidecki* nimirum *vel* una *prop. Ernesti* eximia *temptavit in app. Halm* mera *Jeep 295* maior *Saenger apud AKlotz* || 2 monimentis *Novagero* || 3 Romanum] ˙r˙ **V** || 4 cupiditatum *del. Halm* || 5 labantem *Wurm, ref. Halm, cf. AKlotz* | corruere non sivit *del. Schuetz* || 6 et *del. Halm* | non *ante* sustinuit V^{ac} (*susp. habuit Poggio*) | fortuna *del. Halm* fortunis *Lambin* | hodieque] hodie quoque *Orelli* | nec amicum . . . 7 patitur *del. Kayser 1855, 652* | amici imprudentis *conieci* amicum prudentem **V** amicum pendentem *dett. Angeli* amicum pudentem *Cratander* amicum inprudentem *vel* ruentem *vel* praecipitantem *prop. Halm* || 7 ruinam *conieci* corruere **V** in perniciem ruere *vel* perire *AKlotz in app., cf. Ter. Eun. 72; Cic. ep. 6, 6, 6 Cael.; ep. 8, 16, 5; Marcell. 14* | praestringit *Turnèbe* perstringit **V** || 8 luminibus *ex* cuminibus V^1 | officit *ex* efficit V^1 || 9 mei *del. Kraffert 120* || 10 enim] tamen *Nidecki* | fortuna *ex* oportuna V^1 || 12 eius *del. Novagero* | novo] hoc *Nidecki* || 13 ⟨non⟩ *suppl. Angeli ex dett.* || 14 quasi] quidem *Clark* || 15 labefactandum *Novagero ex dett.* | dignitatem] claritatem *dett.* | illi *ex* illis V^1 aliud *Schuetz* || 17 nec^2] et *Mueller* || 18 non *post* posse *add.* V^1 *mg del. Angeli* || 19 etiam multa *ex* multa etiam V^1 || 22 etquis V^{cp} ecquis *Novagero* || 23 sextertio **V** | hoc] haec *Novagero* || 24 hem V^1 m en V^{ac} | ⟨C.⟩ *add. Orelli* | Curii *Novagero ex dett.* || 25 sororis *ex* soris V^1 | filius^2 *del. Ernesti, sed cf. contra Madvig 1856, 1457* | tune *Cratander ex dett.* tum *vel* tamen *dett.* || 26 locupletauit? **V**

dinem contulisti? tua, Postume, nummo sestertio a me addicuntur? o
meum miserum acerbumque praeconium! at hoc etiam optat miser, ut 46
condemnetur a vobis: ITA BONA VENEANT VT SOLIDVM SVVM CVIQVE SOL-
VATVR. nihil iam aliud nisi fidem curat, nec vos huic, si iam oblivisci
vestrae mansuetudinis volueritis, quicquam praeterea potestis eripere.
quod, iudices, ne faciatis oro obtestorque vos, atque eo magis si adven-
ticia pecunia petitur ab eo cui sua non redditur. nam in eum, cui miseri-
cordia opitulari debebat, invidia quaesita est. sed iam quoniam servo 47
fidem quam praestiti, Postume, reddam etiam lacrimas quas debeo. quas
quidem ego tuas in meo casu plurimas vidi: versatur ante oculos luctuosa
nox meis omnibus, cum tu totum te cum tuis copiis ad me detulisti. tu
comitibus, tu praesidio, tu etiam tanto pondere auri, quantum tempus
illud postulabat, discessum illum sustentasti, tu numquam meis me ab-
sente liberis, numquam coniugi meae defuisti. possum excitare multos
reductos testes liberalitatis tuae, quod saepe audivi patri tuo Curtio
magno adiumento [fecisset] in iudicio capitis fuisse. sed iam omnia timeo, 48
bonitatis ipsius invidiam reformido. iam indicat tot hominum fletus
quam sis carus tuis, et me dolor debilitat intercluditque vocem. vos ob-

1 Postume *dett.* postumi V | *post* sextertio *verba* sibi addici uelit . . . hem postume *repetita sed* V^1 *del.* | ⟨bona⟩ nummo *prop. AKlotz* | nummo] omnia *Nidecki, sed cf. Quint. inst. 11, 3, 172* | sextertio V | addicuntur? *Orelli* addicuntur. V || 2 optat miser ut V^1 *mg prob. Axer 1978, 227–230* optatim serui uel V (uel *per cp*) optat miser ut uel *dett.* optat miser ut ⟨si⟩ vel *RKlotz* sed sive servetur sive *Brink 1874, 87* ⟨si⟩ *post* vobis *Clark* ⟨si⟩ *post* vel *AKlotz* ⟨si non⟩ *ante* condemnetur *Brink 1856, 100* || 3 uobis *ex* nobis V^1 | vel . . . vobis *del. Madvig 1855, 671* | ITA . . . SOLVATVR *interpretatus est Axer 1978, 227–230* || 4 nisi V^1 *mg* nihil V | si iam V^1 *mg* sciam V || 5 quidquam *Fabricius* || 6 aduenticia V^1 *mg* aduencia V || 7 nam V^1 *mg* non V^{cp} || 8 opitulari *ex* obitulari V^1 | debebat *Muretus* debeat V | servo *temptavi* spero *ex* sporo V^1 || 9 fidem quam praestiti Postume V ⟨ut⟩ spero quam ⟨potui tibi⟩ praestiti Postume *Novagero* ⟨ut⟩ spero fidem quam ⟨tibi dedi⟩, praestiti Postume *Madvig 1855, 672* sero fidem ⟨anti⟩quam praestiti *Koch 1858, 285* ⟨ut⟩ spero fidem quam praestiti⟨sti, tibi reddidi⟩ Postume *Brink 1874, 88* spero fidem iam praestitam esse tibi, Postume *Halm in app.* ⟨ut⟩ spero fidem quam ⟨debui⟩ praestiti Postume *Clark* spero fidem quam praestiti Postume ⟨semper tibi, non relictam⟩ *AKlotz* ⟨ut⟩ sporo, fidem meam praestiti, Postume *Giardina* || 10 tuas in meo in eo casu *post* casu *del.* V^1 | uid *post* plurimas *del.* V | uidi *ex* uiri V^1 | uersatur V ri *supra* tur V^1 *sed del.* || 15 reductos V *def. Ronconi apud Giardina* re doctos *Turnèbe del. Madvig 1855, 672 ex gloss.* productos *putavit Mueller LXXXIII* ⟨in patriam⟩ reductos *Clark* ⟨re doctus⟩ excitare multos [reductos] *AKlotz LXII* et honestos *vel* praeclaros *prop. in app. AKlotz* redemptos testes liberalitate tua *Giardina in app.* | Curtio *Madvig 1856, 1458* cui id V qui id *Novagero* ⟨C.⟩ Curtio *RKlotz, sed cf. contra AKlotz* || 15.16 patri tuo, qui id fecisset in iudicio capitis, magno adiumento fuisse *prop. AKlotz* || 16 fecisset *del. Novagero om. vel* fuisset *dett. ante* magno *Fabricius* | fuisse *dett.* fuisset V | omnia] omina *Kraffert 120* || 17 iam indicat *ex* tamen dicat V^1 nam indicat *dett.* || 18 carus *ex* caurus V^1 | tuis V^1 *mg* tuli V | me] mi *Nidecki* mihi *maluit Halm* | intercluditque *Lambin* includitque V

secro, iudices, ut huic optimo viro, quo nemo melior umquam fuit, nomen equitis Romani et usuram huius lucis et vestrum conspectum ne eripiatis. hic vos aliud nihil orat nisi ut rectis oculis hanc urbem sibi intueri atque ut in hoc foro vestigium facere liceat, quod ipsum fortuna eripuerat, nisi unius amici opes subvenissent.

2 Romani] ˙r˙ V || 3 hic *add.* V^1 | nihil *add. mg* V^1 || 4 ut *del. ex dett. Novagero*

INDEX NOMINVM